AF749030

¿POR QUÉ no noto que LA TIERRA GIRA?

y otras preguntas fundamentales sobre ciencia

¿POR QUÉ no noto que LA TIERRA GIRA?

y otras preguntas fundamentales sobre ciencia

Escrito por **James Doyle**

Con ilustraciones originales de **Claire Goble**

Librooks

SUMARIO

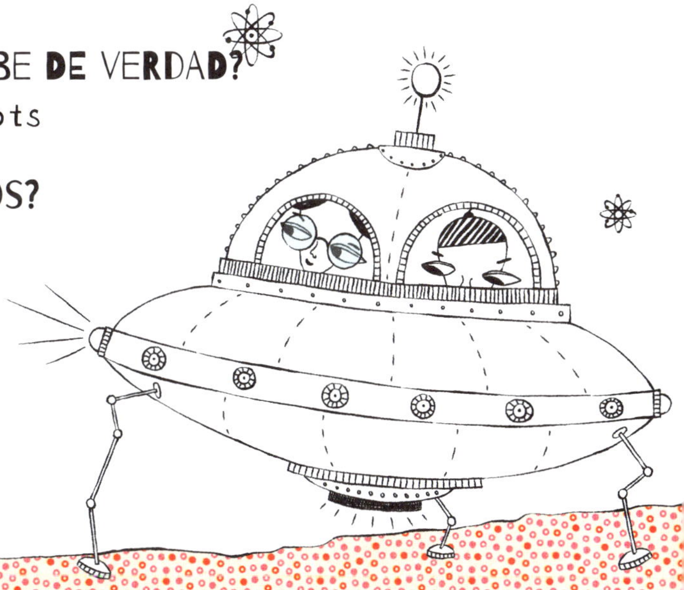

¿QUÉ es LA CIENCIA?

Todo es ciencia y ciencia hay por todas partes, porque la ciencia es cualquier cosa que haya ocurrido desde el principio de los tiempos. ¿Tienes una mente curiosa e inquisitiva que te pide saberlo todo sobre ella? ¿Te sientes capaz de asimilar la infinidad de cosas geniales que la ciencia puede hacer? ¿Te interesan los hechos asombrosos y los misterios alucinantes? ¿Sí? Pues entonces este es el libro que necesitas.

¿Por qué no noto que la Tierra gira? no solo responde a cualquiera pregunta que te hayas planteado sobre ciencia, sino a muchísimas otras. Aquí se abordan desde las más diminutas bacterias hasta los más enormes agujeros negros; desde las criaturas más microscópicas hasta las más gigantescas bestias que jamás han pisado la Tierra; desde lo que hay dentro de tu cuerpo hasta las regiones más lejanas del universo. Porque este libro no se parece a ningún otro libro sobre ciencia que hayas visto antes. Y ahora que ya lo sabes, todavía tengo una última pregunta para ti: ¿a qué esperas para empezar a leerlo?

¿Cómo sabemos cosas del universo?

Solo en nuestra galaxia, existen más de 100.000 millones de estrellas. No podemos aterrizar en ellas, porque la verdad es que ni siquiera podemos viajar allí, pero hemos encontrado formas de estudiar el universo. En 1609, Galileo construyó su propio telescopio y lo utilizó para observar el universo. Desde entonces, hemos descubierto más cosas de las que nunca habríamos imaginado sobre nuestros vecinos, las estrellas, las lunas y los planetas de nuestro firmamento.

Niña mirando a través de un gran telescopio refractor.

¿Cómo estudian los científicos lo que no pueden ver?

Los científicos son capaces de estudiar cosas tan minúsculas que resultan invisibles al ojo humano. El microscopio nos permite ampliar lo que vemos y observar al detalle las cosas que nos rodean: pequeños diseños en objetos, minúsculos seres vivos llamados microbios o incluso las moléculas, que son como los ladrillos de que está hecha cualquier materia. Esta imagen del «pie» delantero de un escarabajo buceador ha sido obtenida con un microscopio. Puedes ver que está hecho de pequeños círculos dispuestos en complejos diseños y que tiene unos pelos diminutos y unas almohadillas circulares que acolchan el pie.

Imagen microscópica del tarso de un escarabajo buceador.

¿Yo también puedo ser científico?

Pues claro que sí. Cualquiera que se esfuerce de verdad y haga muchas preguntas tiene las aptitudes básicas para llegar a ser científico. Muchos científicos mundialmente famosos tomaron al principio un camino muy distinto, como Stephen Hawking, que empezó estudiando matemáticas pero luego se cambió a la física. En un principio, la astronauta May C. Jemison creía que sería diseñadora de moda. Cualquiera que se haga preguntas sobre el mundo puede convertirse en científico.

Niño midiendo una burbuja durante una clase de ciencias.

¿POR QUÉ los ÁRBOLES SON VERDES?

Porque los árboles REFLEJAN la luz verde de la SUPERFICIE de sus hojas.

Todas las células que componen las hojas del árbol contienen minúsculos paquetitos de **clorofila**. La clorofila ayuda a la planta a **convertir la luz del sol en alimento**. Cuando la luz alcanza la clorofila de las hojas, esta absorbe la luz roja y azul y **refleja la luz verde**. Por eso normalmente vemos los árboles de color verde.

En otoño, la luz solar es más débil, así que **los árboles producen menos nutrientes**. La clorofila verde de las hojas empieza a descomponerse, lo que hace que las hojas cambien de color, del verde al amarillo, luego al naranja y finalmente al marrón.

Debajo de un tilo.

MIRA qué hojas más trabajadoras

Suele decirse que los árboles son **«los pulmones de la Tierra»**. Cuando animales y humanos aspiramos aire, absorbemos el oxígeno y exhalamos un gas llamado dióxido de carbono, o CO_2. Los árboles hacen lo contrario, aspiran CO_2 y exhalan oxígeno. **Todos los seres vivos se necesitan entre ellos para sobrevivir.**

Las plantas combinan el carbono, tomado del dióxido de carbono que respiran, con agua del suelo y luz solar para **fabricar azúcares**. Y eso produce el oxígeno que luego liberan a la atmósfera. Este proceso se llama **fotosíntesis**.

¿Qué comen las plantas?
Ve a la página 16

¿CUÁNTO MIDE EL ÁRBOL MÁS ALTO?

Las gigantescas secuoyas rojas (*Sequoia sempervirens*) pueden alcanzar fácilmente los 91 metros de altura. Estos árboles de récord crecen en California, en los Estados Unidos de América. En el año 2006, se descubrió una secuoya que medía 115,7 metros. Se le dio el nombre de *Hiperión* y ha sido declarada el árbol más alto del mundo.

Las secuoyas suelen vivir entre 500 y 700 años, aunque se ha demostrado que algunas superan los 2.000 años de edad.

Botánicos tomando una muestra de una secuoya de 107 metros.

¿LOS ÁRBOLES CRECEN EN TODAS PARTES?

Los árboles crecen en todo el planeta y en casi cualquier clima. Pero, a partir de determinada línea, o altitud sobre el nivel del mar, dejan de crecer.

Esta raya imaginaria recibe el nombre de *límite arbóreo* o *límite del bosque*. Suele tratarse de un punto a partir del cual ya no hay aire, calor o agua suficientes para que los árboles puedan vivir. Desde la distancia, parece muy abrupto, como si alguien hubiera segado la cima de la montaña. En realidad, la línea no es tan clara como se ve desde lejos, sino que los árboles van haciéndose cada vez más pequeños y desapareciendo.

Mont Sainte-Victoire, Paul Cézanne (1902-1906).

¿CÓMO SABEMOS LA EDAD DE LOS ÁRBOLES?

Para eso existe un método científico llamado *dendrocronología*. Si contamos los anillos del árbol, podemos calcular exactamente cuántos años tiene. Cada anillo representa un ciclo estacional completo, es decir, un año en la vida del árbol.

La dendrocronología resulta útil para averiguar los cambios ocurridos en el entorno a lo largo del tiempo. Los árboles pueden ayudarnos a estudiar periodos de sequía o de inundaciones. Los anillos de los árboles también nos revelan la cantidad de carbono de la atmósfera en un momento determinado de la historia, o incluso cuándo tuvo lugar la última glaciación.

Sección del tronco de un abeto de Douglas de 57 años.

¿CÓMO SABEMOS QUÉ ASPECTO TENÍAN LOS DINOSAURIOS?

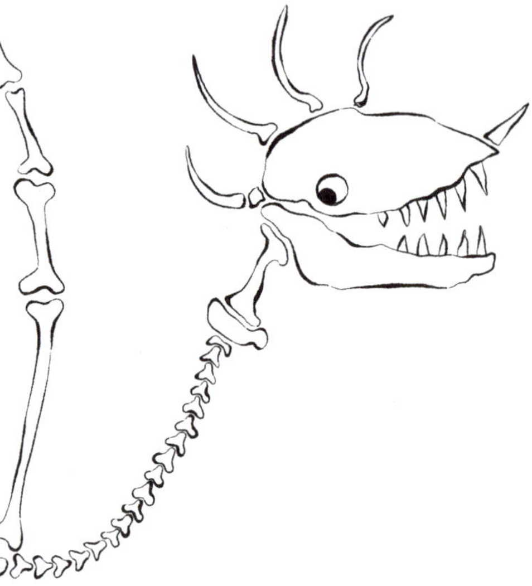

¿Has visto algún DINOSAURIO VIVO?

¿No? ¡Ni tú ni ningún otro ser humano! Los dinosaurios **se extinguieron** unos **65,5 millones de años** antes de que los primeros humanos aparecieran en la Tierra. Para saber cosas de ellos, dependemos de los científicos que han encontrado huesos de dinosaurio en rocas llamadas **fósiles**, a veces incluso todo el esqueleto. Gracias al estudio de estos huesos, los científicos han podido reconstruir el aspecto de los dinosaurios y averiguar cómo se movían en aquella época tan lejana.

¿ADÓNDE vas para ver dinosaurios?

El primero en averiguar que los dinosaurios eran un grupo de **animales prehistóricos** fue el científico británico Richard Owen, en 1842. Owen acuñó la denominación *Dinosauria*, que significa **«lagartos terribles»**. En aquella época, los científicos solo habían descubierto fósiles de tres tipos de dinosaurio: el *Iguanodon*, el *Hylaeosaurus* y el *Megalosaurus*. Hoy en día se han bautizado ya más de **500 especies diferentes**, ¡y existen cientos de grupos todavía por descubrir!

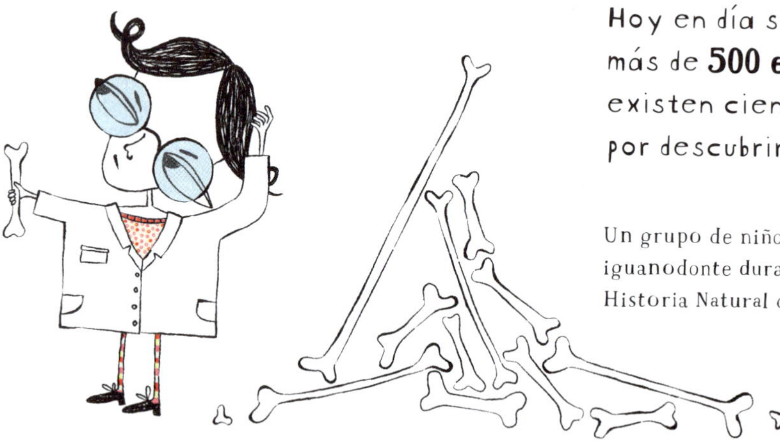

Un grupo de niños dibujan el esqueleto de un iguanodonte durante una visita al Museo de Historia Natural de Londres, en 1970.

¿CÓMO SE PONE NOMBRE A UN DINOSAURIO?

Por lo general, para dar nombre a un dinosaurio se tiene en cuenta el lugar donde fue encontrado, la persona que lo descubrió o una característica corporal determinada. El nombre suele estar compuesto por dos palabras griegas o latinas, o por una combinación de ambas. Sin embargo, al *Dracorex hogwartsia* se le puso ese nombre por Harry Potter. Fue descubierto en Iowa (Estados Unidos) en 2004, y es un miembro de la familia de los paquicefalosáuridos. Su nombre completo, traducido, suena realmente importante: «el rey dragón de Hogwarts».

Dracorex hogwartsia, reconstrucción.

¿LOS *HOBBITS* EXISTEN?

¡Sí, pero no son como tú crees! Hasta 2001 los científicos creían que el *Homo sapiens* (o sea, ¡nosotros!) era la única especie humana de la Tierra. Nuestros primos los neandertales desaparecieron hace unos 30.000 años. Pero el descubrimiento de un esqueleto de un metro de altura en la isla indonesia de Flores, con una antigüedad de entre 100.000 y 60.000 años, demostró que existieron otras especies humanas anteriores a los neandertales. El esqueleto fue bautizado como *hobbit de Flores*, o *Homo floresiensis*, por los «hobbits» de J.R.R. Tolkien, que eran bajitos.

Fotograma de Bilbo Bolsón perteneciente a *El hobbit: un viaje inesperado* (2012).

¿POR QUÉ se extinguieron LOS DINOSAURIOS?

La extinción del Cretácico-Terciario o evento K-T es el nombre que se da a la desaparición de los dinosaurios. Ocurrió hace unos 65 millones de años y, en un principio, los científicos pensaron que podría deberse a un cambio en las temperaturas que interrumpió la cadena alimenticia de los dinosaurios. Pero, en 1980, los científicos Luis y Walter Álvarez (padre e hijo) descubrieron una capa de un material llamado iridio en la corteza terrestre, y esta capa se había formado exactamente en la misma época en que se extinguieron los dinosaurios. El iridio suele encontrarse en el espacio exterior, lo que parece sugerir que un cometa o un asteroide podría haber chocado contra la Tierra y causado la extinción.

Asteroide imaginario acercándose a la Tierra.

¿Qué COMEN LAS PLANTAS?

Las plantas fabrican en parte su propia comida a partir del DIÓXIDO DE CARBONO.

Las hojas absorben dióxido de carbono, o CO_2, del aire y lo convierten en **alimento** durante un proceso llamado fotosíntesis (ver página 9). Para mantenerse fuertes y sanas, también absorben otros **nutrientes y minerales** a través de sus **raíces**.

Todos los seres vivos necesitan un elemento llamado **nitrógeno**. Nosotros absorbemos el nitrógeno directamente del aire que respiramos, pero las plantas toman el suyo del **suelo**.

¿HAS VISTO alguna planta como esta?

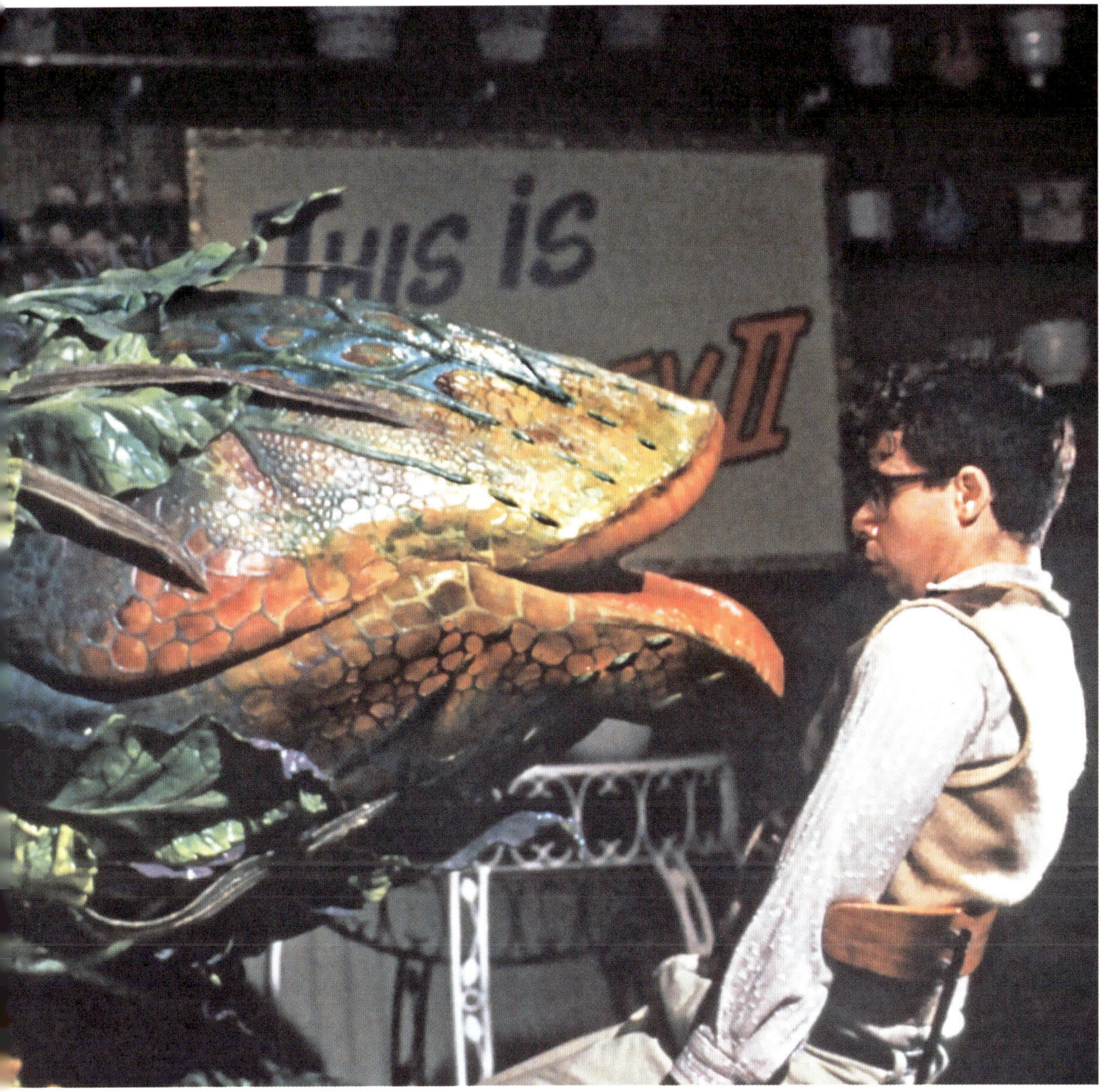

Fotograma de *La tienda de los horrores* (1986).

Cuando las plantas se pudren y descomponen, o cuando los animales se las comen y las defecan, no se desperdicia nada. Los minerales útiles y el nitrógeno que una planta absorbe durante su vida son devueltos al suelo, listos para ser asimilados por las raíces de otra planta. Esta es la base de lo que los científicos llaman **ciclo del nitrógeno.**

¿LAS PLANTAS COMEN ANIMALES?

Pues sí. Hay muchas plantas que son carnívoras, comedoras de carne, como la Venus atrapamoscas o las plantas de jarra. Estas especies crecen en lugares donde el suelo es pobre, así que obtienen sus nutrientes atrapando y devorando insectos en lugar de absorber el alimento de la tierra como las otras plantas.

Encontrar comida suficiente puede ser complicado, así que a veces dos especies colaboran en lugar de comerse mutuamente. La rana de esta fotografía utiliza la planta de jarra para protegerse de los depredadores. La planta, por su parte, puede alimentarse de la nutritiva caca de la rana. ¡Un trato de lo más provechoso!

Una rana agazapada dentro de la boca de una planta de jarra.

¿POR QUÉ huelen LAS FLORES?

Durante milenios, los seres humanos han apreciado las flores por su aspecto y aroma. Pero no ha sido hasta hace poco tiempo cuando los científicos han descubierto qué les da su olor. En 1953, los químicos pensaban que en la fragancia de una rosa había veinte sustancias químicas. ¡En cambio, en 2006 se descubrió que hay cerca de cuatrocientas!

No todas las flores huelen tan bien como una rosa. Muchas de ellas despiden efluvios nada deseables en un perfume. Según dicen, el aro gigante (llamado también «flor cadáver») emana un olor similar al de la carne podrida.

Niño con una pinza de tender en la nariz.

¿POR QUÉ A LAS ABEJAS LES GUSTAN LAS FLORES?

Cuando las abejas acuden a las flores, tanto unas como otras obtienen un beneficio. Las flores se valen de sus vivos colores y agradables fragancias para atraer a las abejas.

Por su parte, las abejas comen el néctar azucarado y recolectan el polen de la flor, que es como un polvo de olor dulce. Mientras las abejas están alimentándose en la flor, el polen se les queda pegado al cuerpo. Cuando se mueven a otra flor, en busca de más néctar y más polen, el polen que llevan adherido se desprende, y así la nueva flor puede utilizarlo para producir nuevas semillas.

Una abeja cubierta de polen recolectando néctar.

¿POR QUÉ tengo que LAVARME?

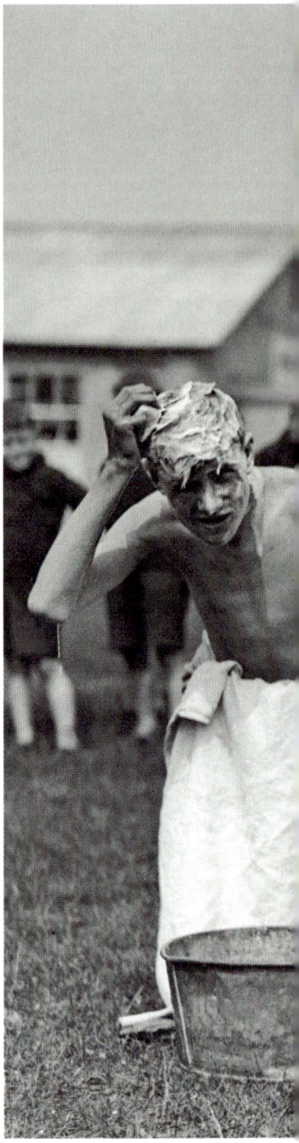

¿Te has parado a pensar qué pasaría si NUNCA MÁS volvieras a LAVARTE?

¡No solo apestarías, sino que las consecuencias podrían ser fatales!

Ten esto presente. Tu cuerpo está recubierto de unos dos metros cuadrados de piel, y en ella hay alrededor de 2,6 millones de glándulas sudoríparas, por no hablar de los miles de pelillos que la cubren. Y estás **constantemente sudando** por esas glándulas que tienes repartidas por todo el cuerpo. Aunque el sudor en sí no huele, las **bacterias de tu piel** pueden vivir en tu sudor y producir un **olor desagradable**. Si no te lavas, a medida que pasa el tiempo, la piel y el pelo se ponen pegajosos debido al sudor y la mugre.

Niños frotándose con jabón durante un campamento vacacional.

¿CON qué frecuencia te lavas?

Y no olvides que **en tu piel viven gérmenes**. Por lo general, no son una gran amenaza, siempre que permanezcan en la superficie de la piel. Pero si **llegan al torrente sanguíneo** ya es otro cantar. Si no te lavas en una temporada te empieza a picar todo, así que a lo mejor te da por **rascarte como un poseso**. Hay algunas bacterias nada recomendables merodeando por toda esa roña, por ejemplo los estafilococos. En caso de que consigan entrar en tu torrente sanguíneo colándose por los arañazos de la piel, ¡la situación **podría ser fatal!**

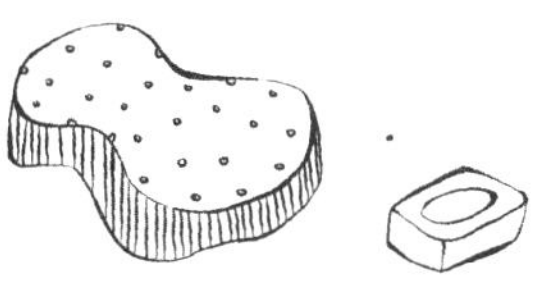

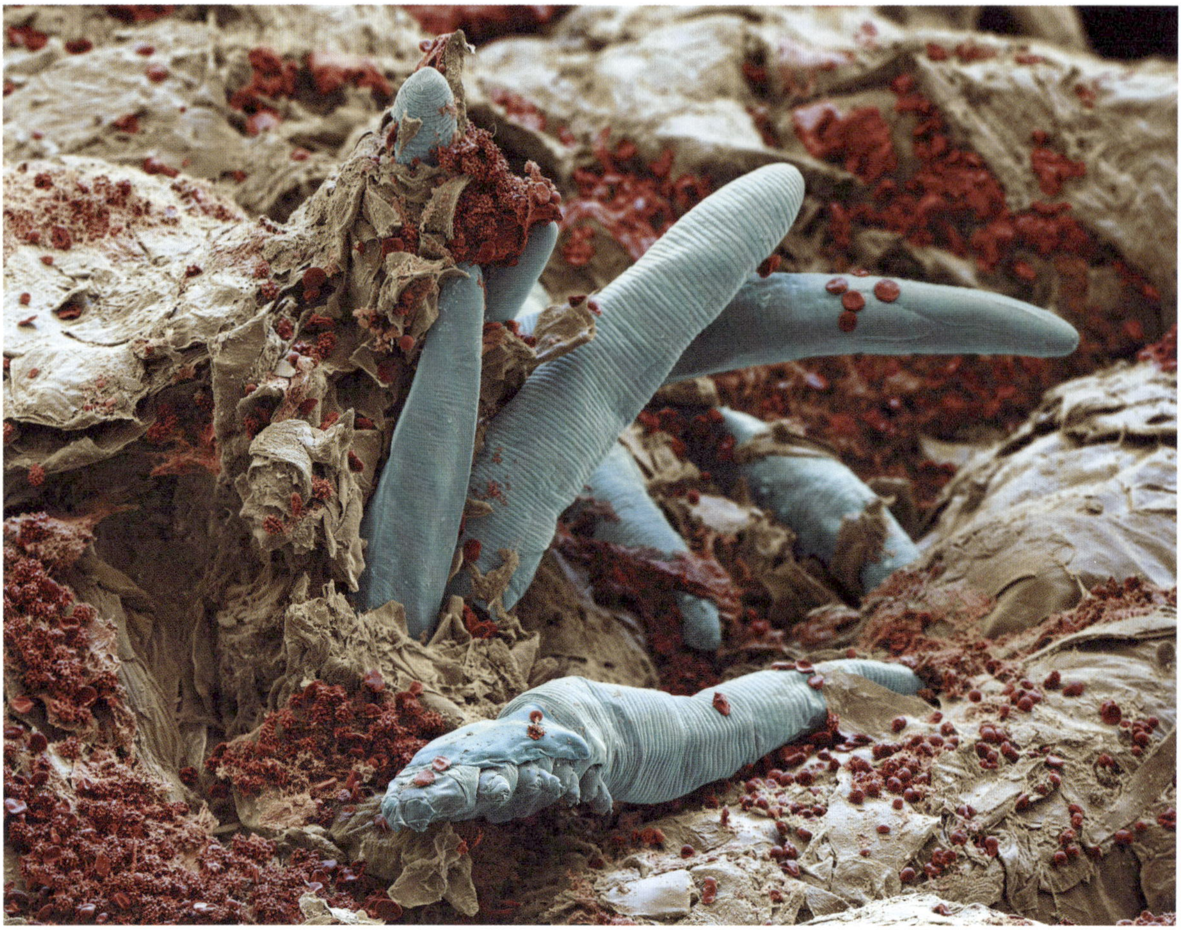

Imagen aumentada de varios ácaros en las pestañas de un rostro humano.

¿PUEDEN VIVIR BICHOS EN LA CARA?

Es asqueroso, pero sí. Resulta muy probable que tengas algunos seres viviendo en tu cara ahora mismo, en concreto dos especies: el *Demodex folliculorum* y el *Demodex brevis*. A estas diminutas criaturas llamadas ácaros, del mismo grupo que los insectos y los cangrejos, les encantan las condiciones aceitosas y cálidas de nuestra cara.

Pero que los humanos tenemos ácaros en la cara ya lo sabían los científicos hace mucho tiempo. El *D. folliculorum* fue descubierto en la cera de un oído humano en 1842. Más recientemente, en 2014, una investigación mostró que alrededor del 14% de la gente tenía en la cara ácaros invisibles al ojo humano. Se encontraron pruebas de que en todos los rostros estudiados habían vivido ácaros en algún momento.

¿POR QUÉ SE ME CAE LA PIEL?

Mudar la piel es algo completamente natural. Muchos animales lo hacen, por ejemplo las serpientes, que se desprenden de la piel vieja cuando una capa nueva ya está lista por debajo. De modo parecido, el cuerpo de las personas nunca deja de reconstruirse y repararse a sí mismo.

Los seres humanos se desprenden de una media de 600.000 partículas de piel (células cutáneas) cada hora. A lo mejor no te parece gran cosa, pero si efectúas un sencillo cálculo te darás cuenta de que una persona de 70 años habrá perdido unos 50 kilos de piel a lo largo de su vida. Para que te hagas una idea más clara: la piel de la que te deshaces durante toda tu vida pesaría lo mismo que 100 balones oficiales de fútbol.

Serpiente *Elaphe dione* empezando a mudar la piel.

¿LA COMIDA PUEDE CAMBIAR MI CUERPO?

Lo que comes afecta a tu cuerpo. Las vitaminas y minerales de los alimentos pueden ser muy beneficiosos. En cambio, existe un alimento de consecuencias potencialmente funestas: el hígado de oso polar. Los primeros exploradores del Ártico lo comieron sin saber que estaba repleto de vitamina A. El exceso de vitamina A puede ser venenoso para los humanos. A los exploradores se les cayó toda la piel y algunos entraron en coma y murieron después de comerlo.

Grabado que muestra a unos marineros holandeses durante una expedición en el Ártico (1596-1597).

¿LOS MAPAS NUNCA SE EQUIVOCAN?

Sí que se equivocan, y algunos se equivocan MUCHO.

Pero que un mapa no esté del todo bien hecho no significa que no sea útil. Un mapa del mundo que, pese a ser inexacto, tuvo gran importancia fue el creado a partir de los descubrimientos del científico griego **Ptolomeo**, quien vivió entre los años 100 y 170 d.C.

El mapamundi en cuestión combinaba diferentes disciplinas científicas. En él las estrellas se utilizaban para ubicar los países y los océanos de un modo que resultara comprensible para todo el mundo. Asimismo, **ayudó** a que **otros cartógrafos** se hicieran una idea del tamaño de la Tierra.

Un mapa ilustrado del siglo XV basado en las ideas de Ptolomeo.

FÍJATE en el mapamundi de tu atlas. ¿Se parece a este?

Los descubrimientos de Ptolomeo **se perdieron durante cientos de años** y no fueron redescubiertos hasta 1407. Por entonces, los cartógrafos daban a cada país unas determinadas dimensiones en función de su importancia, por lo que **no los representaban con su verdadero tamaño**. Antes de la reaparición del mapamundi de Ptolomeo, cuanto más importante era un país, **más grande aparecía** en el mapa.

¿LA LUZ PUEDE DOBLAR LA ESQUINA?

Sí, la luz puede girar en las esquinas. De hecho, hasta cierto punto siempre lo hace, porque la luz se mueve en ondas, y eso le permite girar en las esquinas. Pero también puede desplazarse en línea recta, tal como se demostró al inventarse la cámara oscura. Este sencillo instrumento se empleó para generar imágenes y propició la invención de la fotografía. En su versión más primitiva, una cámara oscura puede ser una simple caja con un agujero en un lateral. La luz entrará solo por ese lado, a través del orificio, e impactará en la pared opuesta de la caja, donde se proyectará una imagen del exterior. Si esta proyección se efectúa sobre un papel, un artista podrá copiar en él la imagen.

Grabado en cobre de una cámara oscura (1671).

¿CÓMO FUNCIONAN LOS OJOS?

Los ojos funcionan igual que un telescopio. Incluso poseen una lente transparente de similares características: el cristalino. Esta lente enfoca los rayos de luz y los proyecta sobre la superficie interior del ojo para crear una imagen nítida.

Pero, claro, los telescopios son mejores que el ojo a la hora de enfocar, porque son capaces de mejorar la definición de una imagen, lo cual nos permite ver objetos que están muy lejos. El telescopio espacial Hubble, que se encuentra en el espacio, ha llegado a captar una galaxia que estaba a 13.400 millones de años luz.

Un astrónomo observando las estrellas (grabado del siglo XVIII).

¿POR QUÉ NO PUEDO VERME LOS OJOS?

Pues porque están ocupados captando imágenes de lo que tienes alrededor. Los ojos funcionan de modo parecido a una cámara. Dentro del ojo, el iris trabaja como la apertura de una cámara, que podemos aumentar o disminuir al capturar una imagen. El iris, que es la parte coloreada del ojo, ajusta la cantidad de luz que entra en el ojo a través de la pupila, que es la parte negra. Y esta se adapta a las diferentes condiciones de luz de su entorno.

El artista surrealista Salvador Dalí (1951).

¿POR QUÉ ME CRECE EL PELO?

El pelo y las uñas crecen a causa de una PROTEÍNA llamada QUERATINA.

Las células de queratina se forman primero en el interior de la piel. Después se abren camino hasta la superficie cutánea, donde mueren y se endurecen, momento en el que se convierten en **pelo si están en la cabeza, o en uñas si están en los dedos de las manos o los pies**. Un cuerpo sano producirá mucha queratina y las uñas crecerán fuertes y lisas; mientras que un cuerpo enfermo producirá unas uñas secas, quebradizas y picadas.

¿HAS llevado las uñas así de largas?

Comer carne, productos lácteos y judías resulta estupendo para las uñas y el pelo. El cuerpo los descompone en **aminoácidos** y estos se unen para formar las diferentes proteínas, incluida la queratina. Tanto las uñas como el pelo crecen con mayor rapidez y fuerza si obtienen mucha vitamina D procedente del sol. Por eso crecen más en verano que en invierno.

El pelo crece **cuatro veces más rápido que las uñas**, en total unos 12 centímetros al año. Las uñas suelen crecer unos 3 centímetros anuales.

Pedro Melenas, ilustración de Heinnrich Hoffman (1847). Traducción de Víctor Canicio, *Pedro Melenas y compañía* (2015), Madrid: Impedimenta.

¡Aquí está, nenes y nenas,
este es Pedro Melenas!
Por no cortarse las uñas
le crecieron diez pezuñas,
y hace más de un año entero
que no ha visto al peluquero.
¡Qué vergüenza! ¡Qué horroroso!
¡Qué niño más cochambroso!

¿MI PELO AGUANTARÍA SI TREPARA POR ÉL?

El pelo de los seres humanos no es tan fuerte como el acero, pero sí es tan resistente como el aluminio, la fibra de vidrio reforzada o el Kevlar, el material de los chalecos antibalas.

Un solo pelo puede soportar 100 gramos de peso. Así que, en teoría, una cabellera entera podría resistir el peso de dos elefantes.

Rapunzel, ilustración de Margaret Evans Price (1910).

¿QUÉ DICE MI LENGUA DE MÍ?

Tu lengua está cubierta de papilas gustativas que forman diseños. Así que, si dejaras una huella con ellos, sería diferente a la de cualquier otra persona. ¡Los dedos de tus manos y pies también tienen huellas únicas! Son incluso más irrepetibles que el ADN, el material genético de cada una de nuestras células. Por eso la policía busca huellas dactilares, porque podrían resolver un delito.

El físico Albert Einstein sacando la lengua.

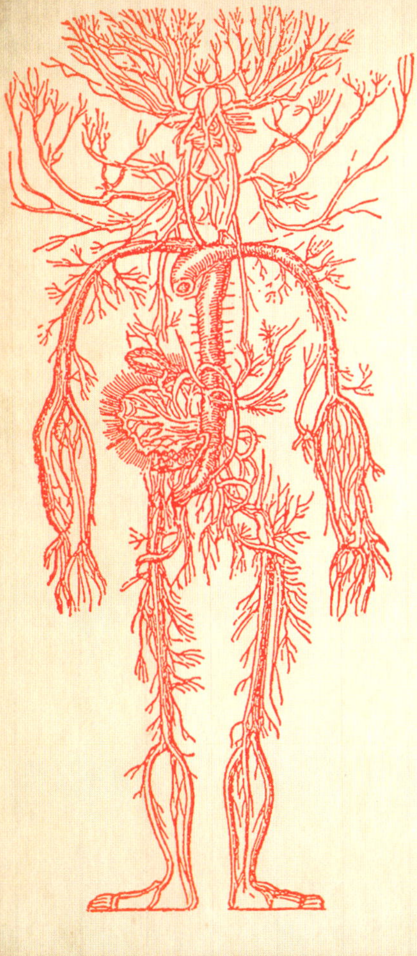

¿QUÉ LONGITUD TIENEN MIS VASOS SANGUÍNEOS?

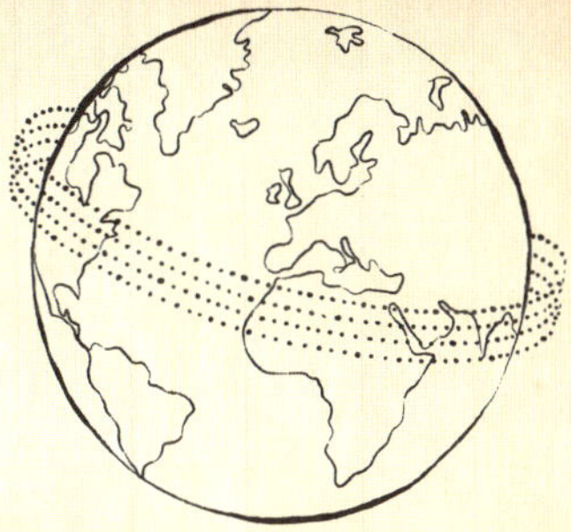

Un niño corriente tiene aproximadamente 96.500 kilómetros de vasos sanguíneos en el cuerpo, y esa cifra llegaría a los **160.000** kilómetros en un adulto. Comparémoslo ahora con la circunferencia de la Tierra en el ecuador, que tiene unos **40.000** kilómetros. La conclusión es que, si dispusiéramos uno tras otro todos los vasos sanguíneos de un adulto, darían cuatro veces la vuelta al ecuador.

Ilustración histórica de los vasos sanguíneos del cuerpo humano.

¿POR QUÉ las MEDICINAS saben TAN MAL?

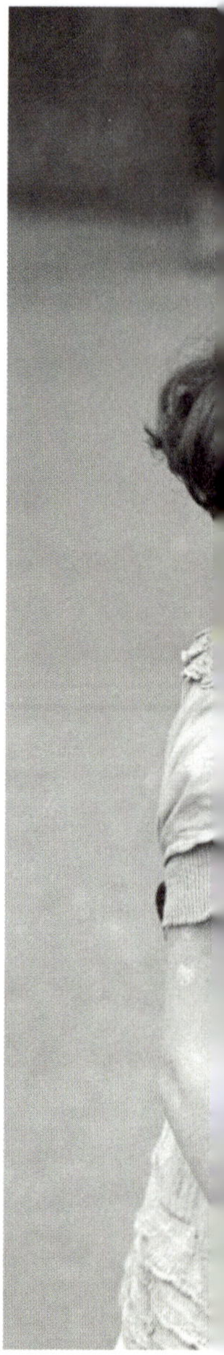

Muchas de las SUSTANCIAS QUÍMICAS de las medicinas proceden de plantas, por lo que su sabor natural nos resulta AMARGO.

El origen del problema se halla en las papilas gustativas de la lengua. Las personas disponemos de solo unos pocos receptores para los sabores dulces, pero la naturaleza nos ha dado alrededor de veintisiete **receptores para los sabores amargos.**

Durante la prehistoria, esta sensibilidad para captar lo amargo impedía que los primeros humanos comieran plantas mortales. Se trataba de un **mecanismo de supervivencia** natural, puesto que permitía percibir sustancias tóxicas peligrosas. Lo más habitual era que cualquiera que masticara un trocito de una de estas plantas **escupiera** el repugnante bocado, con lo que evitaba envenenarse.

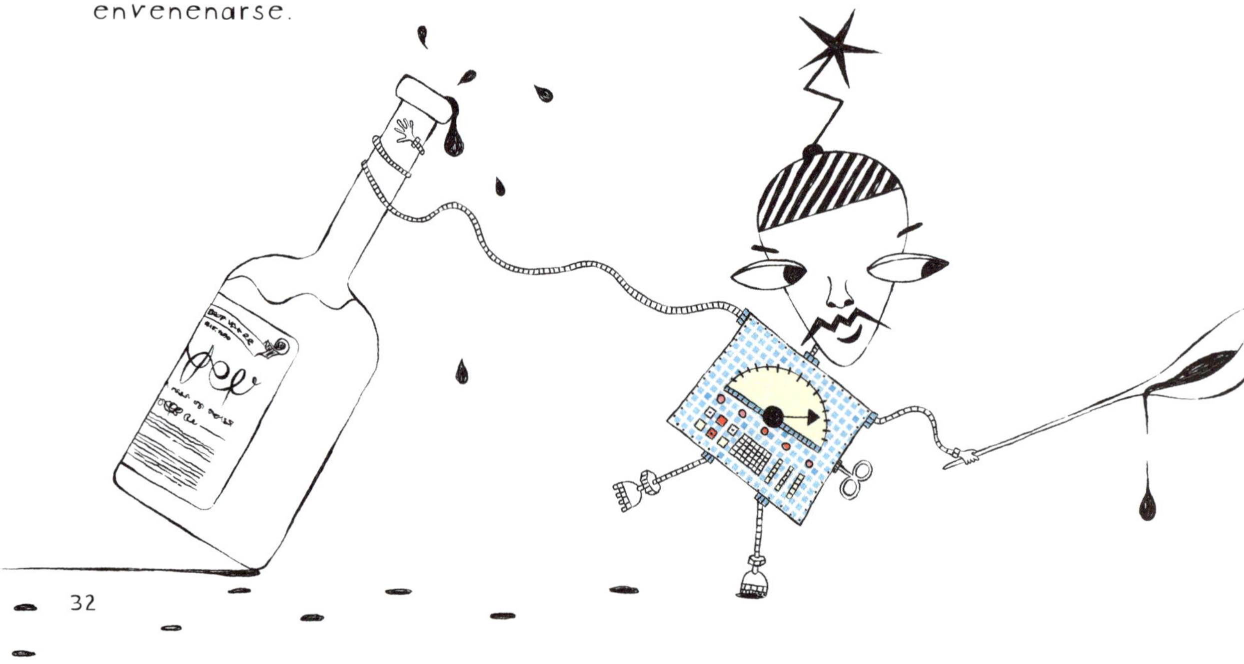

Una maestra de escuela les da a los niños una cucharada de medicina contra la gripe (1931).

¿TIENE buen sabor tu medicina?

Los niños nacen con una clara **preferencia** por los sabores dulces. Pero hacia el final de la adolescencia **nuestros gustos** cambian y los científicos aún no saben con exactitud cuál podría ser la razón. Una teoría defiende que, **al ralentizarse el crecimiento del cuerpo**, este necesita menos calorías y, por tanto, también deja de querer azúcar.

¿LAS PLANTAS PUEDEN RESULTAR MORTALES?

Muchas plantas son venenosas para los humanos. La belladona puede provocar delirios y alucinaciones, incluso en pequeñas dosis. Su veneno es tan efectivo que los antiguos romanos impregnaban con él las puntas de las flechas que disparaban a sus enemigos.

El acónito, al que también se llama matalobos, también es peligroso. Los antiguos guerreros usaban la planta para envenenar el agua de sus enemigos, con resultados por lo general letales.

Belladona y acónito. Ilustración de Johnstone (1855).

¿CÓMO SE FABRICAN LAS MEDICINAS?

Algunas medicinas se descubren de pura casualidad. El científico Alexander Fleming no se proponía en absoluto descubrir la penicilina.

En septiembre de 1928, el doctor Fleming regresó de sus vacaciones y se encontró con que un extraño moho llamado *Penicillium notatum* había contaminado sus placas de Petri. Cuando examinó unos cultivos de la peligrosa bacteria *Staphylococcus aureus*, se dio cuenta de que el moho impedía el crecimiento normal de la bacteria. Más adelante, utilizó este nuevo moho para desarrollar los primeros antibióticos.

Sir Alexander Fleming en su laboratorio.

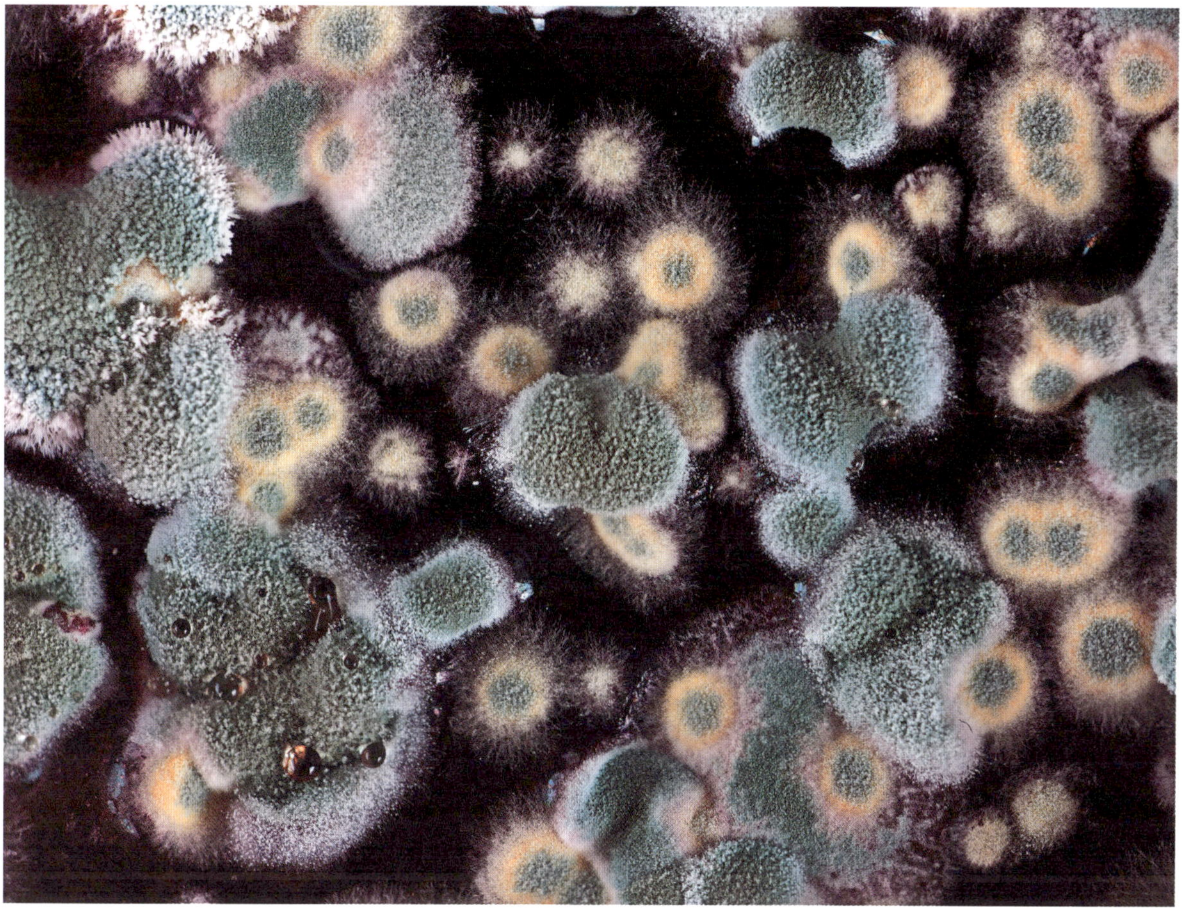

Moho en un vaso de vino tinto.

¿POR QUÉ NO PUEDO COMER MOHO?

Bueno, ¡un poco sí que puedes! ¿No has probado nunca el queso azul? Pues las manchas azules y grises son moho y se pueden comer. Pero existen muchos tipos de moho que resultan extremadamente dañinos.

A mitad de la década de 1840, la gran hambruna que sufría Irlanda provocó la muerte a un millón personas y obligó a otro millón a abandonar la isla. El culpable fue el *Phytophthora infestans*, un microorganismo similar a los hongos que marchitaba las hojas y pudría las plantas de la patata. La fuente de alimento infectada tenía efectos muy nocivos en las personas y podía provocarles la muerte. Mucha gente murió de hambre porque no había casi nada más que comer.

¿CÓMO SABEN LOS CIRUJANOS lo que tienen QUE EXTIRPAR?

Los antiguos galenos griegos ABRÍAN a los criminales ejecutados para ver cómo funcionaban sus cuerpos.

En la primera **escuela de anatomía** de que se tiene noticia, fundada hace más de 2.300 años, los estudiantes tenían oportunidad de examinar los cadáveres. Y mucho antes, hace más de 3.500 años, la gente del antiguo Egipto ya empezó a dejar constancia de lo que había en nuestro cuerpo. Los **antiguos egipcios** fueron los primeros en identificar el corazón, el hígado y los riñones, entre otros órganos.

Hacia el año 1100, todos los estudiantes de medicina debían aprender **anatomía humana y cirugía**. En las universidades, los alumnos asistían a la **disección de un cadáver humano de verdad.**

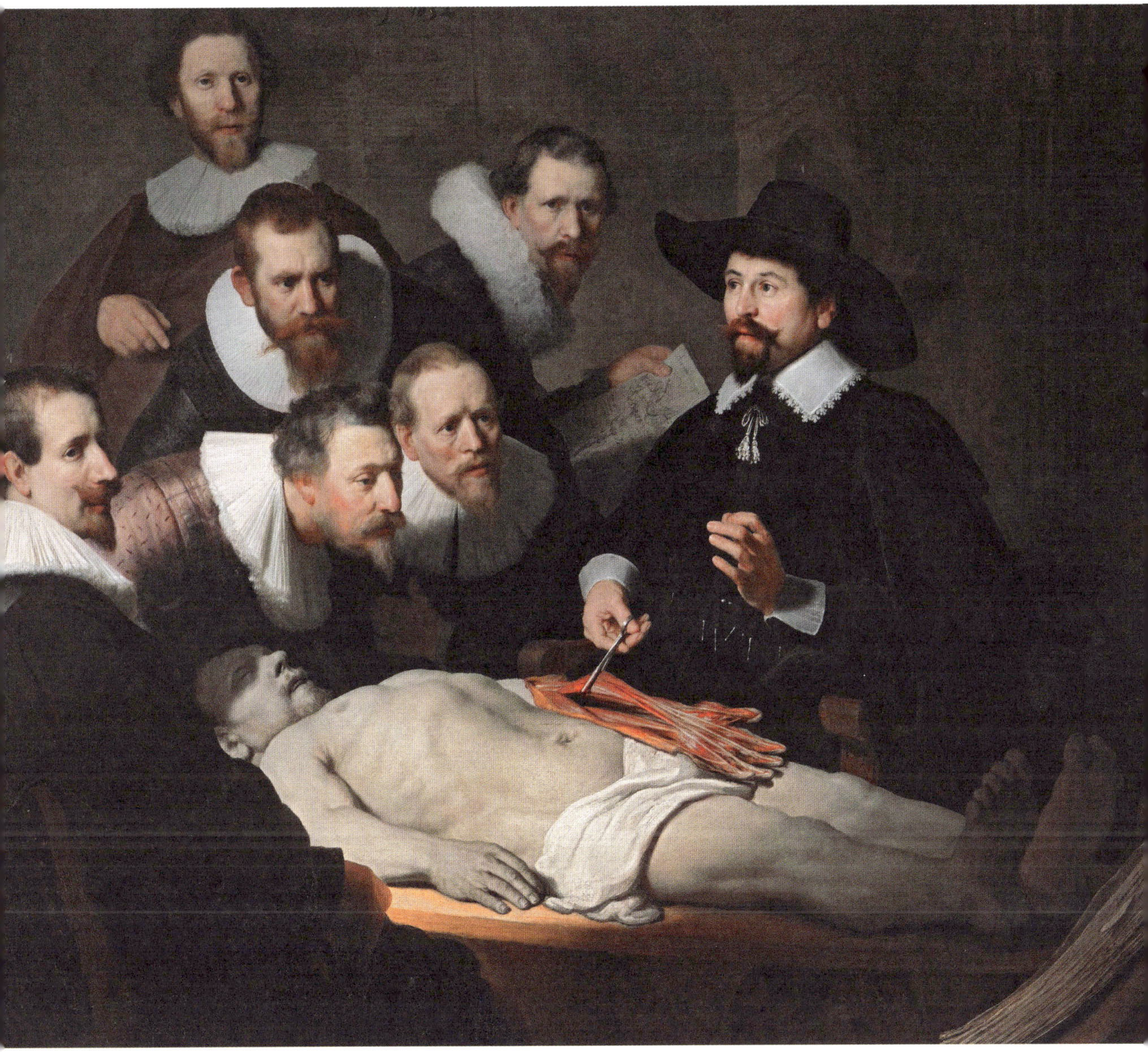

Hoy en día, ya no necesitamos cuerpos, porque podemos practicar con modelos de plástico en su lugar. El desarrollo de escáneres y microscopios de gran potencia, así como de robots quirúrgicos, ha propiciado **avances médicos** que se basan en los grandes descubrimientos del pasado. La suma de miles de años de investigación y la moderna tecnología médica garantizan que los cirujanos de hoy **sepan exactamente dónde** está cada cosa.

La lección de anatomía del Dr. Nicolaes Tulp. Rembrandt (1632).

¿Por qué las medicinas saben tan mal?
Ve a la página 32

¿A QUIÉN USAN LOS CIRUJANOS PARA PRACTICAR?

En los siglos XVII y XVIII, los cirujanos y los estudiantes practicaban con cadáveres. Es decir: ¡con personas muertas!

Eso dio lugar a una abominable actividad: el **ROBO DE CADÁVERES.** Pagaban a cierta gente para que se colara en los cementerios y desenterrara los cuerpos, con la intención de venderlos luego a las escuelas de anatomía. Esta práctica se convirtió en un gran negocio, aunque era completamente ilegal.

Fotograma de *El ladrón de cadáveres* (1945).

¿LOS CIENTÍFICOS TAMBIÉN PUEDEN SER ARTISTAS?

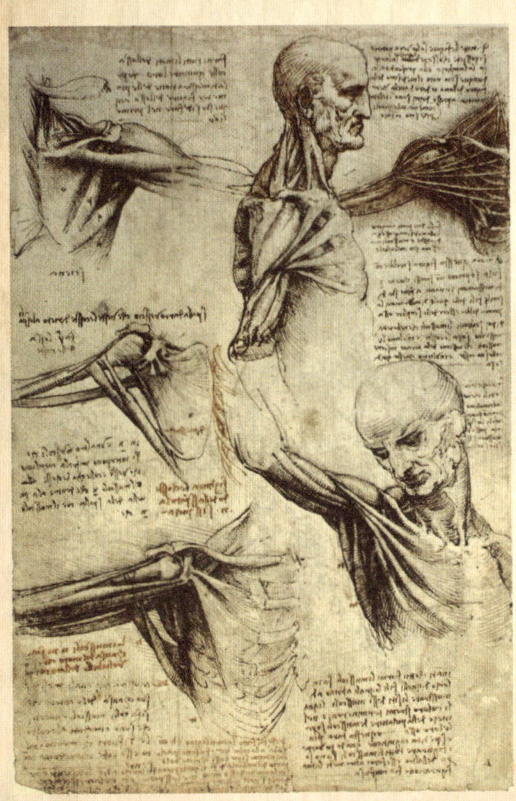

Claro que sí. Leonardo da Vinci no solo es el «padre» de las modernas ilustraciones médicas, sino también uno de los pintores más famosos de la historia. Algunos de sus trabajos más conocidos son la ***Mona Lisa*** y ***La última cena.*** Da Vinci estudiaba de todo, desde arte o música hasta ingeniería, ciencias o matemáticas. Sus dibujos anatómicos fueron de gran ayuda para que los conocimientos médicos de la época pudieran avanzar. Por ejemplo, resultaban muy útiles para enseñar a los estudiantes de anatomía y medicina.

Estudio de los músculos del hombro, Leonardo da Vinci (*c.* 1510-1511).

¿CÓMO SABEMOS QUÉ ASPECTO TENEMOS POR DENTRO?

Durante miles de años, los seres humanos hemos estudiado nuestro cuerpo para averiguar cómo funcionan los órganos y saber cómo somos por dentro.

En el siglo XIX ya se utilizaban réplicas de cuerpos humanos, de hombres y mujeres, para ayudar en esa tarea. Se les llamaba «maniquíes médicos». Desde entonces hemos avanzado mucho en nuestro conocimiento del cuerpo humano gracias a los rayos X, los escáneres y las imágenes digitalizadas en 3D.

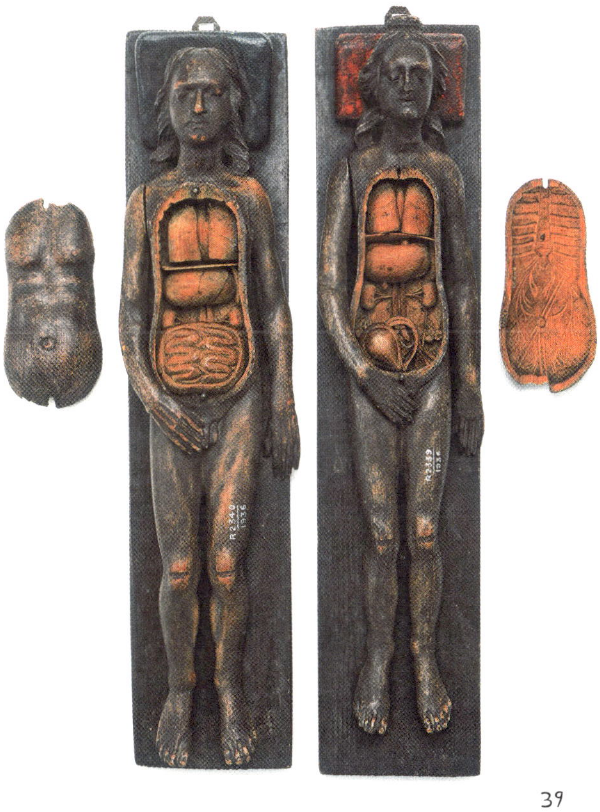

Maniquíes médicos con parte superior extraíble (1601-1700).

¿POR QUÉ el PAN está lleno de BURBUJAS?

A causa de la LEVADURA y de un proceso llamado *fermentación*.

La levadura se alimenta de azúcar. Al devorar los azúcares presentes en la harina, la levadura *fermenta* y los **descompone** en dióxido de carbono, alcohol, moléculas aromáticas y energía. El **dióxido de carbono** crea burbujas que hacen que el pan «suba». También el **alcohol** es importante. Cuando el alcohol está a temperatura ambiente, es un líquido; pero cuando se calienta, como cuando se hornear pan a altas temperaturas, empieza a evaporarse. El gas creado por el **alcohol que se evapora** también ayuda a que el pan se infle.

Panadería francesa donde se ven los diferentes productos, así como el proceso de amasado y el horneado de las hogazas (1875).

¿TE IMAGINAS el aroma a pan recién hecho de esta habitación?

El gluten tiene asimismo un papel esencial, pues aporta fuerza y elasticidad a la masa. Además, el gluten resulta clave para **«atrapar» el gas** que se genera durante la fermentación. Las propiedades elásticas del gluten permiten que el pan **mantenga su forma mientras sube**. Sin el gluten, las burbujas de gas de la masa se perderían y el pan quedaría demasiado denso y plano.

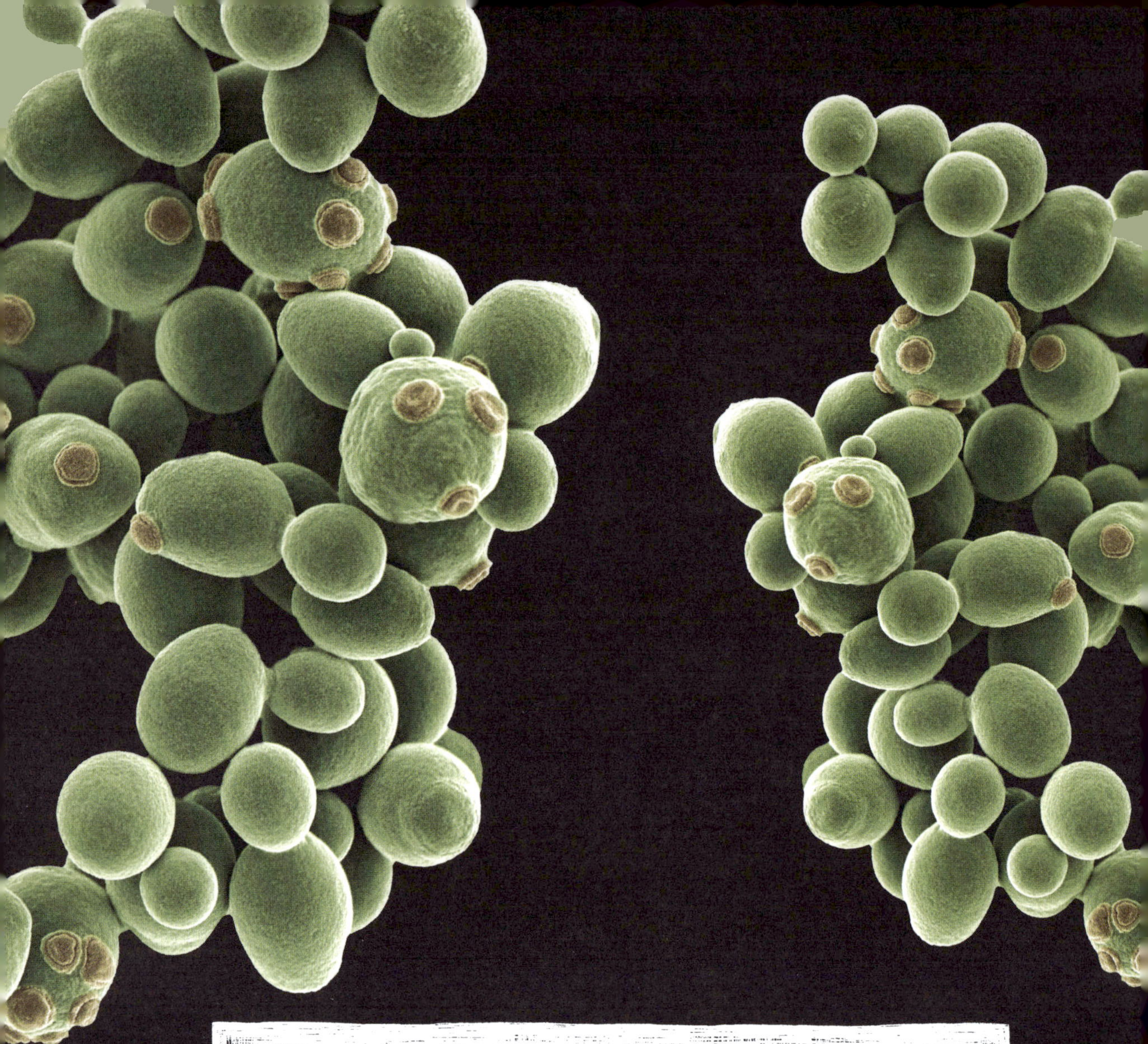

¿LA LEVADURA ESTÁ VIVA?

A la levadura se le da tan bien sobrevivir que resulta muy difícil matarla. Puedes hacer que pase hambre, secarla o congelarla, pero si le das un poquito de azúcar y de agua... **¡ZAS!** ¡Vivita y coleando otra vez! Y además está por todas partes, en el pelo, en la piel y en el aire que respiramos.

Micrografía electrónica coloreada de unas células de levadura de cerveza (*Saccharomyces cerevisiae*).

¿QUIÉN INVENTÓ EL PAN?

Antes de la antigua civilización egipcia, el pan se comía «sin leudar». Eso hacía que fuera plano, como el pan *naan* o el pan de pita que comemos hoy. Luego, hace unos 4.000 años, los egipcios descubrieron una especie de levadura «espumosa» con capacidad para fermentar. Esta levadura se añadía a la masa para hacer que el pan se hinchara, por eso empezó a hablarse de «pan leudado». Los antiguos egipcios no entendían del todo bien cómo actuaba la levadura, sino que pensaban que durante el proceso ocurría algún tipo de magia.

Modelo de tumba del antiguo Egipto con dos siervos moliendo trigo y horneando pan.

¿QUIÉN DESCUBRIÓ CÓMO FUNCIONA LA LEVADURA?

La mayoría de alimentos y bebidas tienen bacterias, aunque a nosotros no nos hacen daño, al menos en pequeñas cantidades. Pero las bacterias crecen deprisa y pueden estropear la comida y la bebida en cuestión de días.

En 1857, el científico francés Louis Pasteur descubrió que, cuando calentaba el vino a 55 grados, morían las bacterias que le daban mal sabor. Este proceso, que recibió después el nombre de pasteurización, funcionaba también en otros alimentos y bebidas. En la actualizad podemos beber leche, cerveza y zumo de frutas semanas después de su producción.

Louis Pasteur, retrato de Albert Gustaf Aristides Edelfelt (1885).

¿POR qué CENTELLEAN LAS ESTRELLAS?

Nos parece que las estrellas «centellean» porque las vemos a través de las GRUESAS CAPAS de aire que se desplazan por la atmósfera de la Tierra.

Las estrellas están tan lejos de nosotros que las vemos como puntitos en el cielo. Cuando su luz entra en nuestra atmósfera, se desvía (o **refracta**) una y otra vez en múltiples direcciones. Esta **refracción** genera la impresión de que la estrella se mueve un poco, como si **parpadeara**, y entonces nuestros ojos y nuestro cerebro interpretan que la estrella centellea. Este fenómeno tiene un nombre científico: **titilación estelar**.

¿PODRÍAS contar todas las estrellas de esta foto?

Si se ven desde el **espacio exterior**, las estrellas no centellean, porque allí no hay atmósfera que pueda desviar su luz.

La imagen de esta página fue obtenida con el **telescopio espacial Hubble**. Por lo general, solo resultan visibles las estrellas más grandes, más brillantes y más azules. Pero en esta fotografía también podemos ver muchas **estrellas de reciente formación**. Tienen un brillo más tenue y son más amarillas que las otras. Se observa asimismo un resplandor azul de gas hidrógeno, caliente por la acción de las estrellas jóvenes.

Imagen del telescopio espacial Hubble de la región de formación estelar LH 95, en la galaxia Gran Nube de Magallanes.

¿Cómo se formó la Tierra?
Ve a la página 48

¿HAY UN CABALLO EN EL CIELO?

Las estrellas forman grupos llamados constelaciones. Desde antiguo, las personas hemos mirado al cielo tratando de encontrarles sentido a estas formas estelares. Llevamos desde el siglo XIV elaborando mapas donde plasmar los diseños que las estrellas componen en el cielo nocturno, y hasta ahora se han conseguido identificar 88 constelaciones. A muchas de ellas se les da el nombre de personajes de la mitología griega. ¿Ves dónde está Pegaso, el caballo alado, en la imagen de la derecha?

Mapa estelar que muestra las órbitas solares, las fases lunares y las constelaciones visibles desde la Tierra (1670).

La Luna terrestre es el objeto más brillante en el cielo nocturno y también el cuerpo celeste más cercano a nosotros.

La órbita de la Luna alrededor de la Tierra es variable. En su punto más cercano, la Luna se halla a 363.104 kilómetros. A eso se le llama *perigeo*. Y el punto en el que la Luna está más lejos recibe el nombre de *apogeo*. En ese momento, la Luna se sitúa a 405.696 kilómetros de la Tierra. La distancia media de la Tierra a la Luna es de unos 384.400 kilómetros.

El barón viaja a la Luna en la historia alemana *Las aventuras del barón Münchausen.*

¿HAY VIDA EN MARTE?

De momento, no se han encontrado pruebas de que en Marte exista o haya existido algún tipo de vida. Sin embargo, las pruebas sugieren cada vez con mayor claridad que, en algún momento, en la superficie de Marte hubo agua líquida. El agua es uno de los ingredientes imprescindibles para que cualquier forma de vida pueda sobrevivir. Por tanto, es posible que algunos microorganismos pudieran haber vivido en el planeta rojo. En agosto de 2012, la NASA lanzó el *Curiosity Rover*, una especie de coche teledirigido, para intentar averiguar si alguna vez existió vida microbiana en el planeta. Y todavía sigue allí, ¡buscando!

Selfi del *Curiosity Rover* en Marte.

¿Cómo se FORMÓ la Tierra?

¿VES el sitio donde vives?

Los científicos creen que el PLANETA TIERRA se formó a partir de una enorme explosión incandescente llamada *BIG BANG*.

Ocurrió hace 13.600 millones de años. En aquel momento, el universo estaba concentrado en un **solo punto increíblemente pequeño** que empezó a agrandarse con rapidez a causa de la explosión de calor. Después del *Big Bang*, el universo comenzó a **expandirse** y se produjeron continuas colisiones entre los objetos cósmicos. Esos objetos se fueron haciendo más grandes y acabaron formando los planetas del Sistema Solar, entre los que se halla la Tierra. En este momento, el universo **todavía sigue expandiéndose**, pero la gravedad ralentiza el ritmo de esa expansión.

Imagen sin nubes del planeta Tierra tomada por un satélite.

¿Qué provoca los truenos y los relámpagos?
Ve a la página 76

Además, los científicos han detectado un **tipo de radiación** llamada *radiación de fondo de microondas* o **CMB** (por *Cosmic Microwave Background*). Se cree que esta radiación es el calor que todavía queda del ***Big Bang* original**.

¿CÓMO NACE UNA ESTRELLA?

Las estrellas se crean a partir de enormes nubes frías de gas y polvo, a las que se da el nombre de *nebulosas*. La más conocida es la nebulosa de Orión, que puede observarse a simple vista desde la Tierra. Estas nubes, o nebulosas, empiezan a contraerse por el peso de su propia gravedad. A medida que la nube se hace más pequeña, se rompe en diferentes trozos o masas. Después, cada una de estas masas adquiere un calor y una densidad tan grandes que dan lugar a reacciones nucleares. Cuando la temperatura alcanza los 10 millones de grados Celsius, la masa se convierte en una nueva estrella.

La región de formación estelar conocida como *nebulosa de Orión*.

¿CUÁL ES LA ESTRELLA MÁS CERCANA?

La estrella que está más cerca de la Tierra es el Sol, que se halla a unos 150 millones de kilómetros de nosotros. Pese a estar tan alejado, el Sol da calor a la Tierra y gracias a él todos los seres de nuestro planeta pueden vivir. El vecino más cercano a nuestro sistema planetario es *Alfa Centauri*, que ni siquiera es una sola estrella, sino que es un sistema formado por tres estrellas unidas por la gravedad. La Alfa Centauri A y la B son dos estrellas brillantes con órbitas cercanas. Ambas tienen una compañera más alejada y de menor brillo, la Próxima Centauri.

La Vía Láctea, la galaxia que contiene nuestro sistema solar, sobre el parque de Yosemite (EE. UU).

¿EL SOL BRILLARÁ SIEMPRE?

En general, las estrellas no pueden brillar eternamente. Lo que les ocurra dependerá de lo grandes que sean. Nuestro Sol es una estrella de masa mediana, así que, en teoría, después de miles de millones de años se convertirá en una estrella enana blanca que emitirá una débil luz blanca. ¡Por suerte, esto no ocurrirá hasta dentro de cinco mil millones de años! Las estrellas más grandes, las llamadas *estrellas de gran masa*, tienen un ciclo vital diferente: acaban sufriendo una violenta explosión, a la que se denomina *supernova*, y los restos pueden convertirse en una nueva estrella o en un agujero negro.

El sembrador, de Vincent van Gogh (1888).

¿QUÉ HAY dentro de un AGUJERO NEGRO?

¿TE GUSTARÍA espaguetizarte?

Si te metes dentro de un agujero negro... ¡será un VIAJE SIN RETORNO!

Cuando una estrella masiva quema todo su combustible, **se desmorona a causa de su propio peso**. Si es lo bastante grande, al implosionar (o romperse hacia dentro) crea un **agujero negro**. Aproximadamente, una de cada mil estrellas de la galaxia tiene **masa suficiente** como para crear uno de estos agujeros.

El remolino gravitatorio de un agujero negro curva y deforma los rayos luminosos que lo rodean, con lo cual se crea una **sombra del agujero negro**. La sombra hace que el agujero negro **parezca unas cinco veces mayor** de lo que es en realidad. No puedes ver el agujero negro en sí, sino solo su sombra rodeada por un anillo brillante.

Los científicos no están seguros de lo que ocurriría si cayeras en un agujero negro. Una teoría defiende que serías **«espaguetizado»**, es decir, que te irías alargando como un espagueti hasta que te partieras.

Recreación artística de una agujero negro supermasivo.

¿QUÉ ES UN AGUJERO DE GUSANO?

Un agujero de gusano es algo que los científicos creen que existe pero que nunca han encontrado. Se trata de un pasaje a través del espacio y el tiempo que podría crear atajos a través del universo. En 1935, los físicos Albert Einstein y Nathan Rosen sugirieron que podrían existir «puentes» o agujeros de gusano que unieran diferentes puntos del espacio y del tiempo. ¡Los agujeros de gusano serían de gran utilidad en los viajes espaciales de larga duración! Claro que, por el momento, nadie ha descubierto ninguno.

Agujero de gusano en ilustración de Mark Garlick.

EN EL ESPACIO, ¿ALGUIEN PUEDE OÍR MIS GRITOS?

¡¡Aaaaarrrrrrrrrrghhhhhh!!

Nadie puede oírte en el espacio, aunque grites muy fuerte, porque en el espacio no hay aire. A un espacio sin aire se le llama *vacío*. Las ondas sonoras no pueden viajar en el *vacío*, así que tus gritos no podrían desplazarse desde tu boca hasta el oído de otra persona.

Este efecto se produce en el espacio exterior, que comienza a unos 100 kilómetros por encima de la Tierra. A partir de ese punto desaparece la cubierta de aire (o atmósfera) que rodea nuestro planeta.

El grito, Edvard Munch (*c*. 1893).

¿DE QUÉ ESTÁ HECHO EL UNIVERSO?

Todo lo que vemos, olemos o tocamos, planetas y estrellas incluidos, está hecho de materia. Alguna materia está formada por minúsculas partículas llamadas *átomos*. Son los átomos los que hacen que la Tierra y el Sol se atraigan mutuamente por efecto de la gravedad. Solo alrededor del 15% de la materia se compone de átomos. Los científicos creen que el resto es «materia oscura». Nadie sabe de qué está hecha la materia oscura, porque nadie la ha visto. Pero sabemos que existe a causa del efecto que tiene sobre el resto de la materia, así que sería algo parecido a un fantasma.

El Gran Colisionador de Hadrones, un potente acelerador de partículas.

¿POR QUÉ cuando pasa UNA SIRENA SUENA TAN RARA?

No son solo las SIRENAS las que suenan raras, sino cualquier SONIDO EN MOVIMIENTO.

El sonido viaja en ondas que se alejan de su fuente. Los sonidos **agudos** viajan en ondas que vibran hacia arriba y hacia abajo con rapidez. Los sonidos **graves** viajan en ondas que vibran más lentamente.

Cuando la **fuente de un sonido se mueve**, como un camión de bomberos que se dirige hacia ti, las ondas sonoras te alcanzan más rápidamente, así que la sirena tiene **un tono más agudo.**

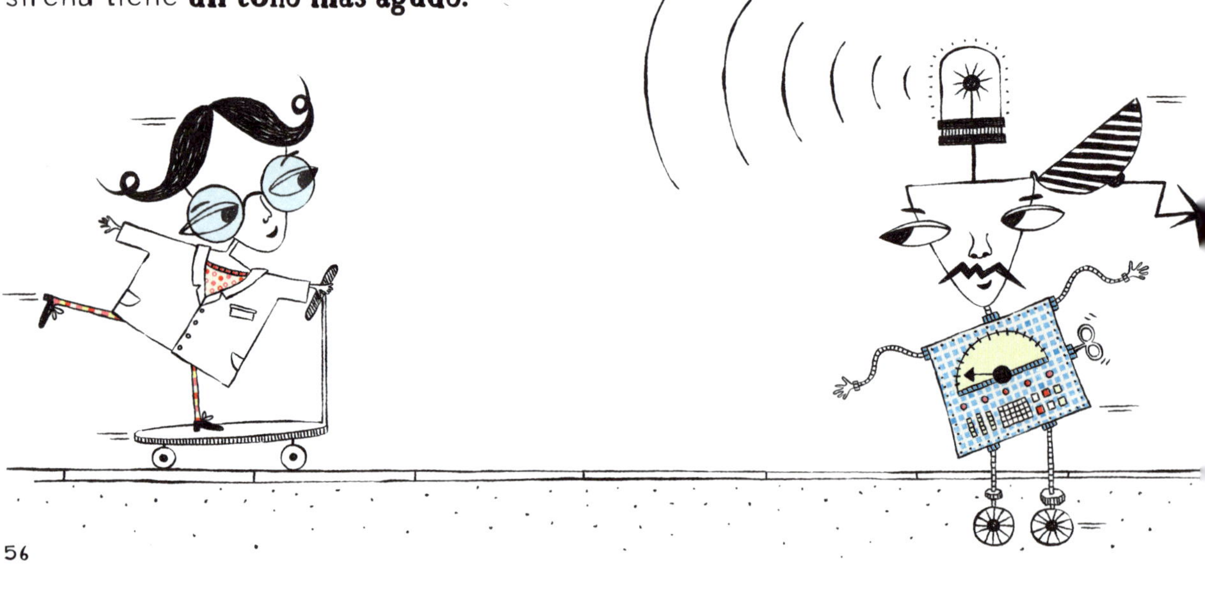

Modelos antiguos de camión de bomberos (1910).

ESCUCHA la sirena cuando vuelva a pasar el camión de bomberos

Cuando el camión de bomberos se aleja, las ondas sonoras tardan más en alcanzar tu oído, y la sirena suena en un tono más **grave**.

No es que el sonido de la sirena cambie: **tan solo lo parece.** A esto se le llama **«efecto Doppler»**, llamado así por el físico austríaco Christian Doppler, que fue el primero en desentrañar el rompecabezas.

Se puede saber si un coche se pasa de velocidad «disparándole» con un radar de pistola. Un policía se coloca en el arcén de la carretera y apunta el radar hacia un coche que se aproxima. La pistola envía una ráfaga de ondas de radio; las ondas chocan contra el coche, rebotan y vuelven hacia el radar, a una frecuencia de ondas distinta. Estas ondas aceleran en proporción a la velocidad del coche. Cuanto más rápido circule el coche, más rápidas serán las ondas, y mayor será la multa.

Coche Renault (*c.* 1900).

¿QUÉ ASPECTO TIENEN LAS ONDAS SONORAS?

El sonido se propaga por medio de ondas. El problema radica en que estas ondas no son visibles al ojo humano. Bueno, al menos antes, hasta que el físico alemán August Toepler inventó una técnica fotográfica que permitía visualizar el llamado *efecto Schlieren*. Cuando una onda sonora se mueve a través del aire, modifica la densidad, o espesor, del aire que la rodea. Los cambios en la densidad del aire hacen que la luz se curve, y la luz sí que es un fenómeno que podemos ver. Así que, combinando espejos de aumento y una luz potente, Toepler fue capaz de grabar con una cámara los efectos de las ondas sonoras. Su técnica se puede utilizar para ver otras cosas invisibles, como el calor emitido por una vela.

Una fotografía de las ondas sonoras (Laboratorios Bell, 1950).

¿QUÉ ES UN ESTAMPIDO SÓNICO?

Un estampido sónico es un sonido muy fuerte, casi como una explosión. Se produce cuando un avión vuela a la velocidad del sonido o más rápido. Al hacerlo, está desplazándose con mayor rapidez que las ondas sonoras que genera, con lo cual todas las ondas se apelotonan tras el avión, en muy poco espacio. Cuando estas ondas «apelotonadas» llegan a una persona que está en tierra, las oye todas a la vez y las percibe como ese ruido inconfundible que hacen las explosiones. De hecho, también provocan vibraciones en tierra, por eso está prohibido que los aviones supersónicos sobrevuelen zonas donde vive gente.

Un F/A-18E Super Hornet rompe la barrera del sonido.

¿Por qué NO SE CAEN LOS AVIONES?

La mayoría de los aviones están hechos de METAL y son tan GRANDES como varias casas juntas.

¿Cómo es posible, pues, que se mantengan en el aire? Todo se debe a la **sustentación**, el **peso**, el **empuje** y la **resistencia aerodinámica**.

La fuerza de sustentación permite que un avión se eleve en el aire. Las **alas se modelan** de manera que el aire fluya a mayor velocidad por la parte de arriba y a menor velocidad por debajo. Cuando el aire fluye más rápidamente, su presión disminuye. Por tanto, hay más presión debajo de las alas que encima, lo que **eleva** el ala en el aire.

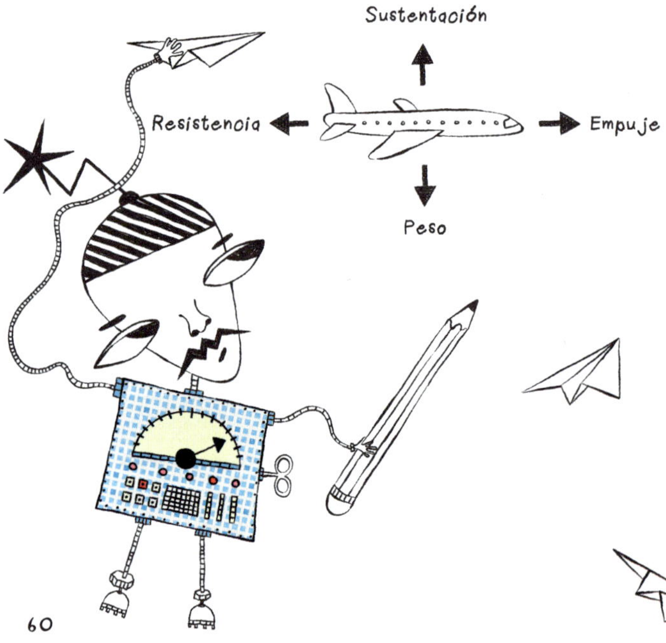

¿¡CÓMO es esto posible!?

El peso tira del avión hacia la tierra. Los aviones se construyen de modo que tengan el peso repartido en toda su longitud, porque eso hace que el avión se mantenga **equilibrado**.

En ocasiones, los motores de los aviones hacen girar una hélice, o bien el avión posee un motor de reacción, en ambos casos para conseguir fuerza de **empuje**. Los dos sistemas garantizan que el aire no deje de circular hacia las alas. Por último, **la resistencia disminuye la velocidad del avión**. Un avión vuela cuando estas cuatro **fuerzas actúan al mismo tiempo**.

Un avión sobrevolando un campamento británico en el Ártico. Ilustración de Leslie Carr (1928).

¿LOS COCHES PUEDEN VOLAR?

Sí, pero no demasiado bien. En la película *Chitty Chitty Bang Bang*, volar en un coche parecía de lo más fácil. Pero la verdad es que resulta dificilísimo combinar el diseño de los automóviles con el de los aviones, porque sus características mecánicas son muy diferentes. Uno necesita ser ligero y sostenerse en el aire, mientras que el otro debe ser seguro y agarrarse bien al suelo. Resumiendo: sí, podemos fabricar un coche volador, pero no será demasiado bueno ni como avión ni como coche.

Fotograma de la película *Chitty Chitty Bang Bang* (1968).

¿POR QUÉ SE MUEVEN LOS OBJETOS?

Isaac Newton formuló tres «leyes del movimiento» que ayudan a explicar las razones científicas que hay detrás del movimiento de los objetos.

1. Si un objeto no se está moviendo, no puede empezar a moverse por sí solo. Si un objeto se está moviendo, no se detendrá ni cambiará de trayectoria a menos que algo lo obligue.

2. Los objetos se desplazarán a mayor distancia y con más rapidez si se los impulsa con una fuerza mayor.

3. Cuando se impulsa un objeto en una dirección, siempre existirá una resistencia de igual magnitud en la dirección contraria.

Una hormiga roja ejemplificando la tercera ley de Newton.

¿QUÉ ES LA LOCURA DEL SOMBRERERO?

Bueno, por algo los ingleses dicen «estar loco como un sombrerero» o hablan de la «enfermedad del sombrerero loco». El origen de estas expresiones es antiguo: se halla en una ola de envenenamientos por mercurio que volvía locos a los que fabricaban sombreros, o «sombrereros». Por entonces, el mercurio se utilizaba para tratar el fieltro y la piel de los sombreros. Cuando se descubrió que había relación entre su trabajo y los síntomas de demencia, empezó a generalizarse la frase «estar loco como un sombrerero». Se cree que Isaac Newton también se volvió loco en sus últimos años debido a un envenenamiento por mercurio, aunque en su caso se lo provocaron sus propios experimentos químicos.

El Sombrerero Loco de *Alicia en el país de las maravillas*, ilustración de John Tenniel (1889).

¿CÓMO sabemos que EL MUNDO ES REDONDO?

¿LAS COSAS podrían caerse de la Tierra?

En la ANTIGÜEDAD, la gente pensaba que la Tierra era PLANA.

Creían que lo único que había por encima de ella era el cielo.

En el siglo VI a. C., al filósofo griego **Anaximandro** se le ocurrió que la Tierra podría ser como una **lata flotando en el vacío**, en un espacio en el que no había nada. El Sol y las estrellas, según él, girarían alrededor de la Tierra. Esta idea se considera una **revolución** para la ciencia, porque estaba **más cerca de la realidad** que todo lo que hasta entonces se había pensado sobre el planeta Tierra.

Si quieres **demostrar que la Tierra es redonda**, un método sencillo consiste en hacer un viaje largo en avión. Cuando estés bien arriba en el cielo, podrás darte cuenta de dos cosas. En primer lugar, los aviones se desplazan siguiendo una línea relativamente recta durante muchos kilómetros y, sin embargo, **nunca se caen por el borde** del planeta.

En segundo lugar, si miras por la ventana durante un vuelo transoceánico, por lo general puedes **ver la «curvatura»** de la Tierra en el horizonte.

Mapa fantástico de una Tierra plana. Ilustración de Antar Dayal.

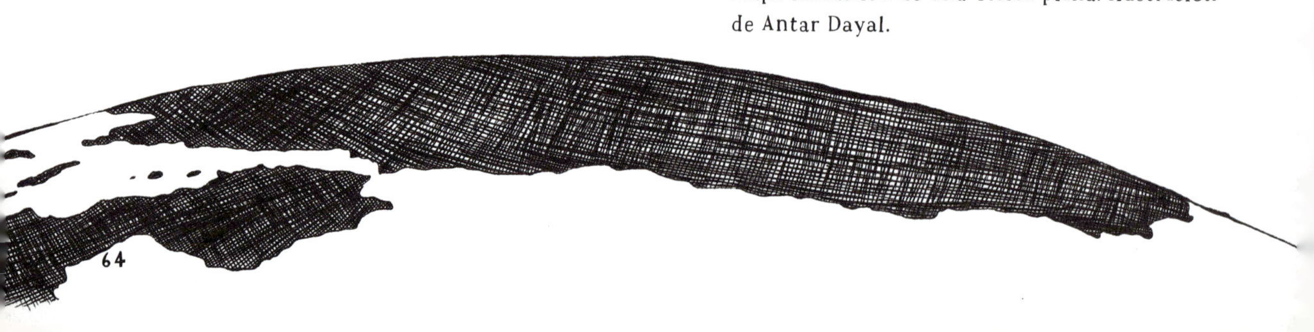

¿LAS ESTRELLAS SE MUEVEN?

Las estrellas no se mueven a menos que sean estrellas fugaces. En algunas fotografías podemos ver la estela de las estrellas, pero esa imagen se produce por el movimiento de la Tierra, no por el de las estrellas. Esta increíble fotografía se tomó en las montañas andinas de América del Sur. En ella vemos la posición de las estrellas en comparación con la rotación de la Tierra durante una noche y las marcas circulares que dibujan a medida que nos movemos por debajo de ellas.

Las estelas de las estrellas forman remolinos sobre el telescopio ALMA, en Chile.

¿POR QUÉ NO NOTO QUE LA TIERRA GIRA?

En el ecuador, la Tierra gira a una velocidad de 1.674 kilómetros por hora, pero ni siquiera a esa velocidad percibes que la Tierra esté girando. Eso ocurre porque tú y todo lo que existe en la Tierra, incluyendo los océanos, las montañas y los continentes, también da vueltas al tiempo que lo hace el planeta, siempre a su misma velocidad.

Es parecido a volar en un avión que se mueve a una velocidad constante: casi podrías convencerte de que no te mueves. Un *jumbo* es capaz de volar a unos 800 kilómetros por hora, pero si estás dentro y cierras los ojos no notarás en absoluto que te estás moviendo.

Atracción de sillas voladoras en Sídney, Australia.

¿POR QUÉ FLOTAN LOS ASTRONAUTAS?

Cuando están en el espacio, los astronautas flotan porque allí hay muy poca fuerza de gravedad, a diferencia de la superficie terrestre, donde esta fuerza es muy elevada. La gravedad hace que todos los objetos se atraigan entre sí. Algunas personas piensan equivocadamente que en el espacio no hay gravedad. Pero, en realidad, una pequeña cantidad siempre está presente en cualquier lugar del espacio. La gravedad no solo mantiene a la Luna en órbita alrededor de la Tierra, sino que también hace que la Tierra orbite alrededor del Sol y que este permanezca en su posición dentro de la galaxia de la Vía Láctea.

El astronauta Mark Lee se propulsa en torno a la plataforma del Discovery, a más de 200 km sobre la Tierra.

¿POR QUÉ el MAR es AZUL?

El mar NO SIEMPRE ES AZUL. Puede ser de muchos colores e incluso iluminarse.

El mar suele parecernos de color azul por la manera en que **absorbe la luz solar**. El agua absorbe mucho más el rojo, el naranja y el amarillo que el azul. Por eso, cuando la **luz blanca** del sol penetra en el mar, el azul es el color que más se refleja y que captan nuestros ojos.

En ocasiones, el océano parece de color verde o incluso rojo. Esto se debe a la **presencia de algas** y otras formas de vida vegetal. La abundancia de algas rojas le dio su nombre al mar Rojo. Y otras veces el mar puede parecer gris si el **cielo está nublado**; o marrón, si el agua contiene mucho lodo o arena, por ejemplo cuando **una tormenta ha revuelto** el agua.

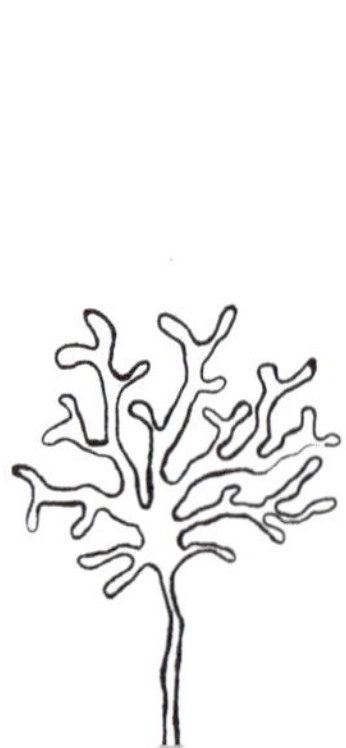

Resplandor de plancton bioluminiscente. Isla Vaadhoo, atolón Raa (Maldivas).

Pero más extraño resulta cuando el **mar se ilumina**. Los primeros en describir este insólito fenómeno fueron los tripulantes de los barcos. Algunos **marineros del pasado** dejaron escrito que «navegaban sobre un mar de nieve» en la más absoluta oscuridad, sin ni siquiera un rayo de luna. Las causas de este peculiar fenómeno nocturno todavía no se han descubierto, pero se cree que podría deberse a **grandes colonias de bacterias luminosas** presentes en la superficie marina. Este efecto se conoce como **bioluminiscencia**.

¿HAS visto este resplandor en el mar?

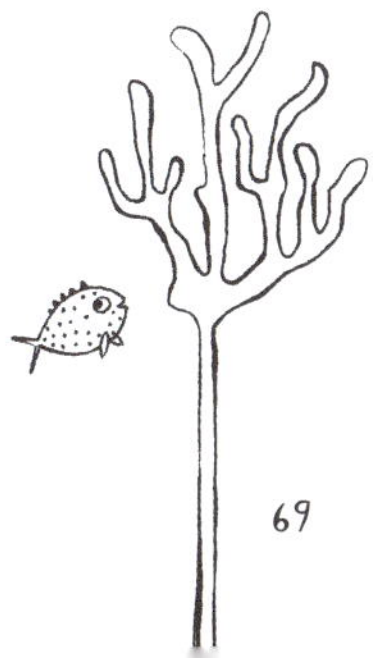

¿HAY VIDA EN LO MÁS PROFUNDO DEL MAR?

En el fondo del mar la oscuridad es total y el agua alcanza una temperatura gélida, porque los rayos solares no llegan tan abajo. Pese a todo, existen criaturas capaces de vivir en esas tenebrosas profundidades. Algunas especies, como el calamar gigante, los rapes o el gusano calamar, se han adaptado a la vida en tales condiciones. Al gusano calamar le salen de la cabeza diez «brazos» similares a tentáculos, cada uno de ellos más largo que su cuerpo. Le sirven para recoger las partículas de comida que caen desde la superficie marina. Los animales que viven en estas regiones deben soportar una aplastante presión y unas temperaturas glaciales. De hecho, muchos disponen de una especie de anticongelante en el cuerpo que impide que mueran congelados.

Un gusano calamar nadando a 2.800 metros en el mar de Célebe

¿SE PUEDE VIVIR EN UN SUBMARINO?

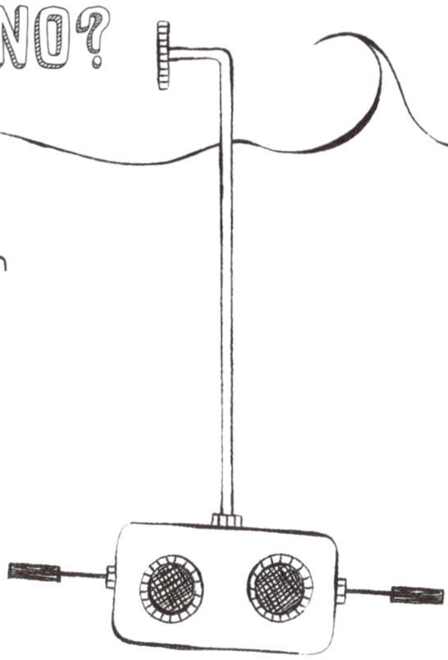

Sí. Podrías vivir en un submarino durante bastante tiempo. Muchos países cuentan en su fuerza naval con submarinos capaces de permanecer sumergidos hasta tres meses. El aire para respirar no supone un problema, pues estas naves son capaces de fabricar su propio oxígeno y mantener la pureza del aire. El tiempo máximo que las personas pueden permanecer bajo el agua depende de cuánto duren la comida y los demás suministros.

Corte transversal en la maqueta de un submarino militar.

Traje de buzo durante unas pruebas de profundidad en el mar (1933).

¿CÓMO SE DESCIENDE HASTA EL FONDO DEL MAR?

Sin una nave del tipo de los submarinos, resulta imposible que un ser humano alcance el fondo de un mar profundo. La presión nos aplastaría. Sin embargo, con el equipo adecuado podemos llegar a bastante profundidad. Mucho antes de que tuviéramos trajes espaciales, ya disponíamos de trajes de buzo. La primera escafandra de que se tiene noticia la inventó Edmond Halley a finales del siglo XVII. Se trataba básicamente de un gran casco metálico con un tubo para suministrarle aire al buzo y permitirle respirar.

¿CUÁL es el ORIGEN DE LAS MONTAÑAS?

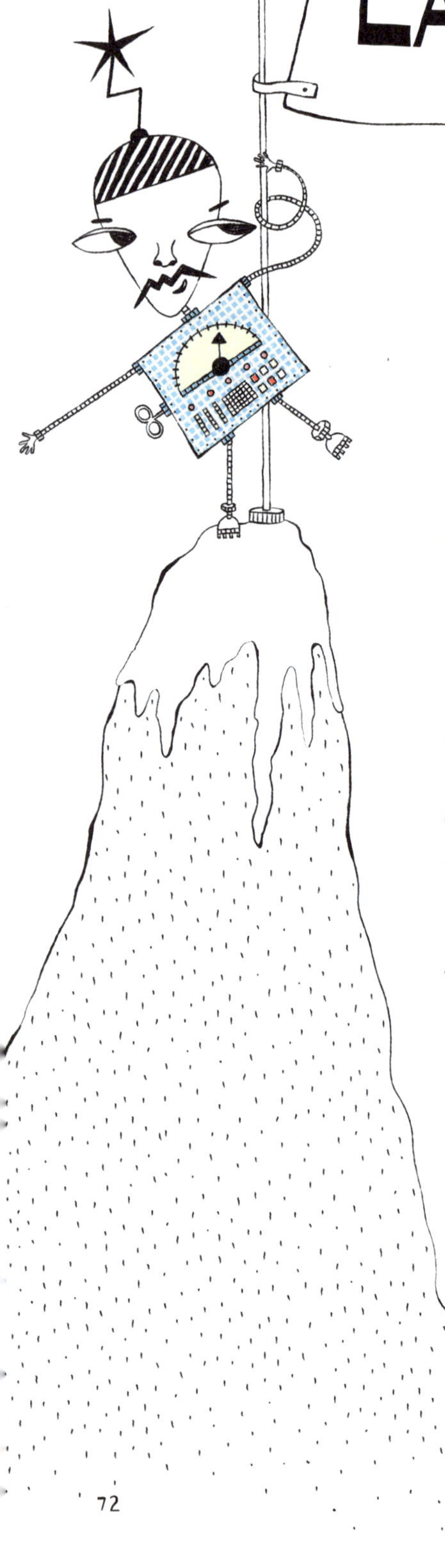

Las montañas surgen por FUERTES MOVIMIENTOS que se producen en la superficie terrestre.

Básicamente, se pueden formar montañas de cuatro maneras diferentes. Las más habituales son las **montañas plegadas**. La «construcción» de este tipo de montañas tiene lugar cuando dos enormes **placas tectónicas** compuestas por corteza continental chocan entre sí. Eso provoca que la corteza de cada una se arrugue y se pliegue, lo que empuja la tierra hacia arriba. Algunos de los picos más altos, como los del Himalaya, se originaron de esta forma.

Otro posible origen de las montañas son las **erupciones volcánicas**. Cuando se producen muchas erupciones a lo largo de una traza de falla (el área en que se juntan dos placas tectónicas), el interior de la tierra expulsa **rocas fundidas y cenizas** al exterior. Esos materiales se van acumulando y, con el tiempo, dan lugar a las montañas.

¿HAS visto la erupción de algún volcán?

Las montañas de Klosters, Ernst Ludwig Kirchner (*c.* 1923).

Un tercer tipo de montañas son los **domos**. Se originan cuando la roca fundida del manto terrestre experimenta un aumento de presión y empuja por debajo de la superficie de la corteza, lo que hace que esta suba hacia arriba. Las montañas que surgen de esta manera tienen una forma redondeada.

Y un último proceso importante es la formación de **fallas**, que se produce a lo largo de las trazas de falla. En ocasiones, cuando dos placas chocan, en lugar de plegarse se fracturan y un enorme fragmento de roca es empujado hacia arriba, lo que da lugar a las llamadas **montañas de bloque**.

¿Cómo se formó la Tierra?
Ve a la página 48

¿CUÁL ES LA MONTAÑA MÁS ALTA DEL MUNDO?

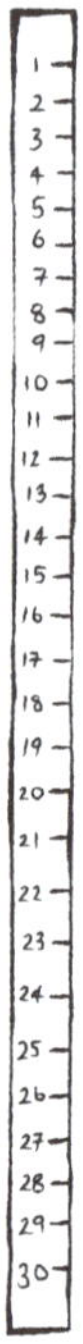

El Mauna Kea es una montaña volcánica de la isla de Hawái, ubicada en el océano Pacífico. Pertenece a la cadena de montes submarinos de la que son parte las islas hawaianas. Esta montaña alcanza los 4.250 metros de altitud, así que queda bastante por debajo de los 8.848 metros del Everest, que suele considerarse la montaña más alta de la Tierra.

¡Pero hay trampa! Los científicos que han calculado estas cifras han medido la altura de la montaña desde el nivel del mar hacia arriba. Y eso supone una gran desventaja para el Mauna Kea, porque la mayor parte de la montaña está bajo el agua. Si midieran el Mauna Kea desde su base, situada en el lecho oceánico, la montaña tendría 10.000 metros. Sería, por tanto, la montaña más alta del mundo.

Barcos frente a la costa de Kohala, con la cima nevada del Mauna Kea a la vista. Ilustración (*c.* 1830).

¿SE FORMARÁN MÁS MONTAÑAS?

Sí, y la más reciente se está formando ahora mismo. El archipiélago hawaiano (un grupo de islas) se halla en medio del océano Pacífico. Lo forman ciento treinta y dos escarpadas islas, arrecifes e islotes que sobresalen de la superficie del mar. El volcán Lō'ihi se eleva 3.048 metros por encima del lecho oceánico, pese a lo cual aún le faltan 940 metros para alcanzar la superficie marina. Se espera que tras algunas decenas de miles de años este pequeño amasijo de lava consiga sacar la cabeza del agua.

Lava ardiente cayendo al océano Pacífico.

¿LAS MONTAÑAS CRECEN?

Se han encontrado pruebas evidentes de que, en el pasado, algunas montañas estaban al nivel del mar o por debajo. En algunas muestras de roca obtenidas en cordilleras como el Himalaya o los Andes, se han hallado conchas marinas que datan de hace 18.000 años. Los científicos piensan que la montaña más alta del mundo, el Everest, todavía sigue creciendo. Su altura oficial ahora mismo es de 8.848 metros, pero quizá los montañeros del futuro tengan que caminar más trecho para llegar arriba que quienes hicieron cumbre en el pasado.

Expedición de Edmund Hillary al monte Everest (1953).

¿Qué provoca LOS RAYOS y los TRUENOS?

Los rayos son CORRIENTES ELÉCTRICAS que se crean dentro de las nubes de tormenta.

Las nubes de tormenta se originan cuando un aire caliente y húmedo choca con un aire más frío. El **aire cálido sube** y forma unas nubes enormes. Dentro de estas nubes hay diminutos cristales de hielo que chocan entre sí, y esas pequeñas colisiones generan **electricidad estática**. Llega un momento en que toda la nube se llena de carga eléctrica. Los rayos son la forma en que las nubes de tormenta **descargan electricidad**.

¿HAS visto rayos en zigzag?

Fotograma de *King Kong* (1933).

El sonido retumbante o **restallido de los truenos** es resultado del extremo calentamiento y la expansión del aire que el rayo genera a su paso. La descarga del rayo abre **un agujero en el aire** que recibe el nombre de *canal*. Cuando el rayo desaparece, ese **agujero se contrae**, y el sonido que oyes cuando el agujero se contrae es el trueno. Las tormentas eléctricas son un fenómeno muy común en la Tierra. Se estima que sobre la superficie terrestre caen unos **100 rayos por segundo.**

¿«La nube» es una nube de verdad?

Ve a la página 84

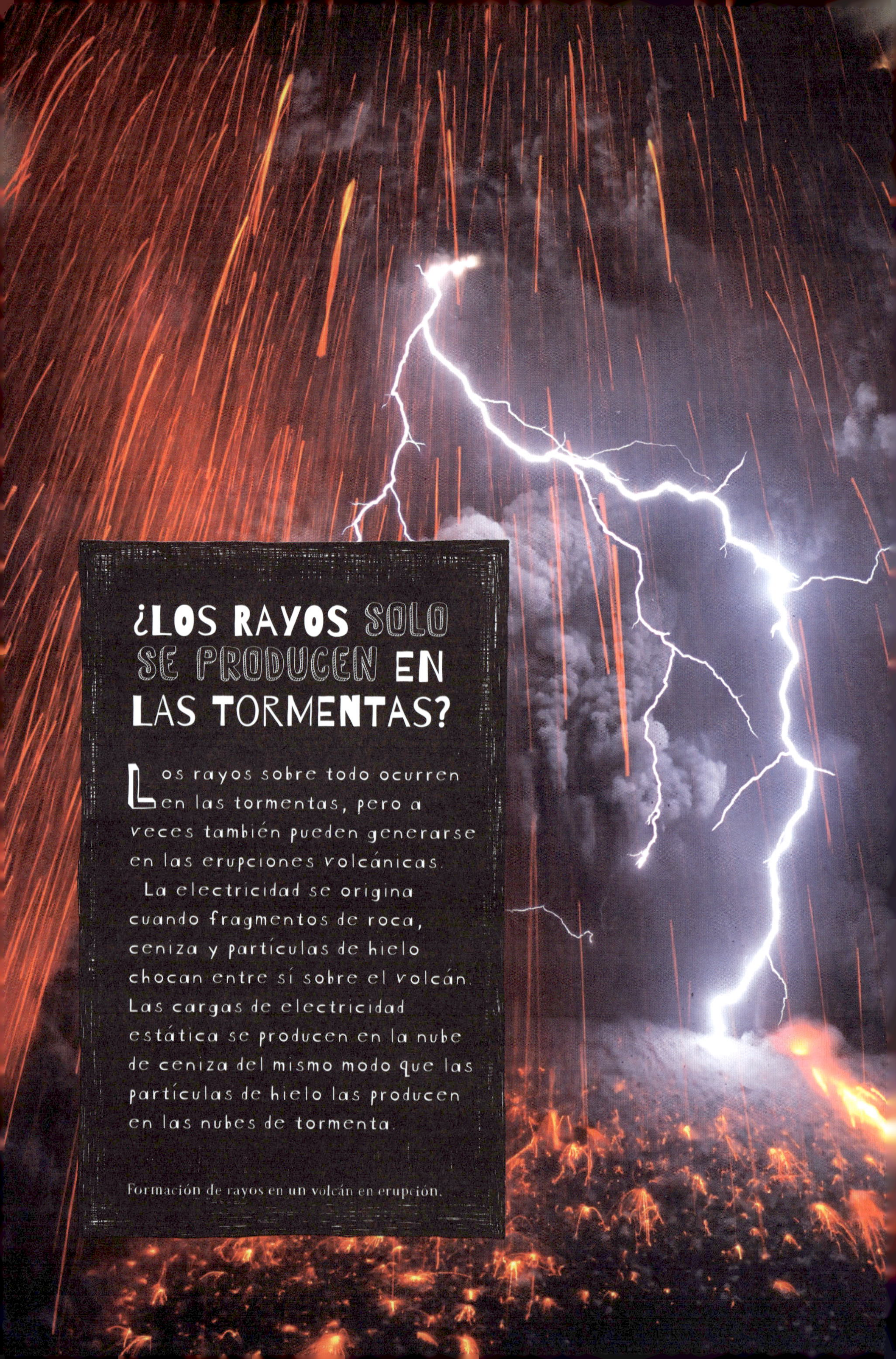

¿LOS RAYOS SOLO SE PRODUCEN EN LAS TORMENTAS?

Los rayos sobre todo ocurren en las tormentas, pero a veces también pueden generarse en las erupciones volcánicas.

La electricidad se origina cuando fragmentos de roca, ceniza y partículas de hielo chocan entre sí sobre el volcán. Las cargas de electricidad estática se producen en la nube de ceniza del mismo modo que las partículas de hielo las producen en las nubes de tormenta.

Formación de rayos en un volcán en erupción.

¿QUÉ TEMPERATURA ALCANZAN LOS RAYOS?

La temperatura media de un rayo es elevadísima. El rayo es capaz de calentar el aire que tiene alrededor hasta los 27.700 grados Celsius. Eso equivale a una temperatura cinco veces mayor que la de la superficie solar, que se estima en unos 5.505 grados Celsius. Pero aún hay un hecho más impresionante: un rayo puede tener la misma anchura que un teléfono móvil normal, unos insignificantes 5 centímetros.

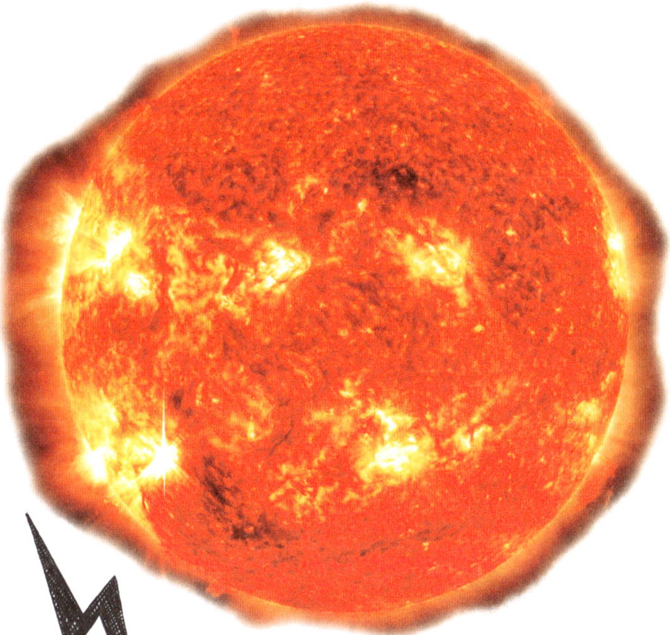

Nuestra estrella: el Sol.

Un rayo impacta en el edificio del Empire State (9 de julio de 1957).

¿LOS RAYOS PUEDEN CAER EN UN MISMO SITIO?

Según un viejo dicho inglés, un rayo nunca cae dos veces en el mismo sitio. Pero esto es del todo falso.

Existen muchos lugares u objetos que reciben habitualmente el impacto de los rayos. Ocurre sobre todo cuando se trata de objetos de gran altura, que tienen más probabilidad de atraer rayos porque están más cerca de las nubes donde se genera la electricidad. Un ejemplo podría ser el Empire State, en los Estados Unidos, pues se calcula que en este rascacielos caen unos 25 rayos cada año.

¿YO PODRÍA VIVIR EN MARTE?

La NASA quiere enviar ASTRONAUTAS al PLANETA ROJO en el año 2030.

Sin embargo, Marte es un entorno muy hostil al ser humano. Allí hace un frío inimaginable y la radiación es muy fuerte, tanto que es dañina para el cuerpo humano.

Una empresa privada llamada SpaceX pretende que la gente pueda llegar allí **todavía antes:** en el 2024.

Llegar a Marte es una cosa, y otra muy distinta es conseguir **sobrevivir allí.**

¡MIRA: tu habitación en el planeta rojo!

Se cree que Marte tuvo alguna vez una **atmósfera** y mucha agua, pero esas condiciones se dieron hace miles de millones de años. En la actualidad, la atmósfera es irrespirable para el ser humano y está compuesta en su mayoría por peligroso dióxido de carbono. El aspecto positivo es que la superficie de Marte está cubierta por regolito, un material parecido al hormigón que se podría utilizar para **construir edificios**. Además, el planeta posee una red de cuevas que podrían convertirse en **viviendas subterráneas** donde la gente estaría a salvo de la radiación. El fundador de SpaceX, Elon Musk, pretende construir en Marte una **colonia** en la que vivirían 1 millón de personas.

Recreación artística de viviendas construidas en las cuevas de Marte.

¿Por qué centellean las estrellas?
Ve a la página 44

¿CUANDO PODRE IRME DE VACACIONES AL ESPACIO?

Según parece, pasar las vacaciones de verano en el espacio podría ser algo factible bien pronto. Se están desarrollando naves espaciales capaces de llevarnos a la Luna. Pero de momento eso no es posible. En primer lugar, los viajes espaciales resultan carísimos. Solo para lanzar un transbordador al espacio ya se precisan 1,9 millones de litros de combustible, cantidad suficiente para llenar el depósito de 42.000 coches. En 2001, el primer turista espacial pagó la mareante cifra de 20 millones de dólares por pasar una semana en el espacio.

En segundo lugar, los viajes espaciales son peligrosos. Para el lanzamiento y la reentrada en la atmósfera terrestre son necesarias enormes cantidades de velocidad, calor y combustible.

Un alienígena con dos astronautas.
Ilustración de Anton Brzezinski.

¿CUÁNTO CORRE UN COHETE?

Cualquier cohete puede alcanzar velocidades muy altas si acelera durante mucho tiempo. Pero no resulta fácil que un cohete acelere tanto rato, porque se necesita una formidable cantidad de combustible para viajar al espacio. Además, una gran carga de combustible podría hacer que el cohete fuera demasiado pesado para despegar.

Un cohete estándar debe alcanzar un mínimo de 44.000 kilómetros por hora para entrar en órbita. Cuanto más vaya a alejarse el cohete de la Tierra, más deprisa deberá ir. Por ejemplo, para llegar a la Luna, necesita volar a 66.500 kilómetros por hora.

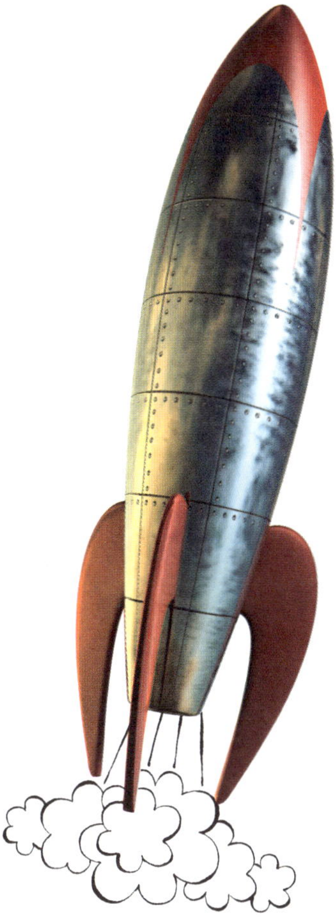

Un cohete de juguete.

¿DE VERDAD LA LUNA TIENE CARA?

¡Eso es una leyenda! Se trata de una ilusión producida por los violentos impactos de asteroide que sufrió la Luna hace miles de millones de años. Estos impactos desencadenaron erupciones volcánicas en la cara opuesta de la Luna. El magma líquido fue arrojado al exterior desde las profundidades e inundó el paisaje lunar. Luego, cuando el magma se enfrió, creó unas manchas oscuras llamadas *mares lunares*. En los días de luna llena, la combinación de algunas de estas manchas puede componer algo parecido a una sonriente cara humana, y eso es lo que suele conocerse como *cara de la Luna*.

Fotograma de *Viaje a la Luna*, de Georges Méliès (1902).

¿«LA NUBE» es UNA NUBE de verdad?

No. «LA NUBE» es el modo en que se accede a la INFORMACIÓN desde INTERNET.

Nuestra información ya no está almacenada en la habitación donde nos encontramos, sino en **servidores remotos** repartidos por todo el mundo. La informática en la nube ha provocado un cambio radical en nuestra forma de **obtener, almacenar e intercambiar información.**

Lo que quizá nos resulte difícil de entender es «dónde» exactamente se guarda todo. Pero hablar de «la nube» nos ayuda a imaginar dónde está la información: podemos pensar que **está almacenada** en algún lugar situado por allí arriba, en una «nube» esponjosa que, en este caso, sería internet.

La mayoría de nosotros utilizamos la **«nube» informática** todos los días y ni siquiera nos damos cuenta. Cuando te sientas ante un ordenador o con tu teléfono inteligente y tecleas una pregunta en un **buscador**, como Google, en realidad tu dispositivo no trabaja demasiado. Tan solo actúa como **mensajero**. Las palabras que tecleas se lanzan de inmediato a la red y llegan a uno de los cientos de miles de ordenadores interconectados de Google. Este ordenador extrae los resultados y te los envía enseguida de vuelta. Cuando efectúas una búsqueda en Google, el que de verdad trabaja para encontrar la respuesta es un **ordenador remoto** que podría hallarse en California o en Tokio.

Cúmulos en el cielo.

¿GUARDAS algo en «la nube»?

¿PODRÍA JUGAR AL FÚTBOL CON UN ROBOT?

ASIMO es el robot humanoide más avanzado del mundo. Este robot, cuyo nombre viene de *Advanced Step in Innovative Mobility* («paso avanzado en movilidad innovadora»), tiene el equilibrio y la agilidad suficientes para chutar un balón de fútbol o correr a una velocidad de 6 kilómetros por hora. ASIMO participa en una competición robótica internacional que se celebra todos los años: la RoboCup. La intención es que, para el año 2050, un equipo de fútbol compuesto por robots sea capaz de ganarle un partido a la selección vencedora en el más reciente Mundial de fútbol.

Robots compitiendo en el campeonato RoboCup en Nagoya, Japón (2017).

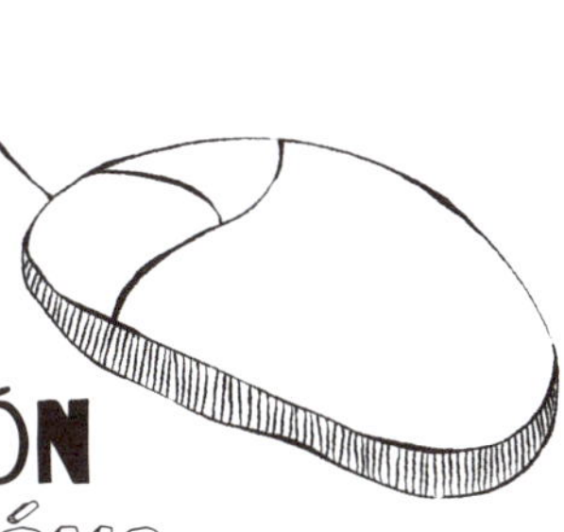

¿POR QUÉ AL RATÓN SE LE LLAMA *RATÓN*?

Douglas Engelbart inventó el «ratón» de ordenador en 1968. Pero en un principio le dio el nombre de «indicador de posición X-Y para un sistema con pantalla», que es bastante menos pegadizo. Cuando se le pregunta cómo su famoso invento adquirió ese gracioso nombre de «ratón», responde: «Nadie lo recuerda. Simplemente, se parecía a un ratón con cola y empezamos a llamarlo así». Esa «cola», en realidad el cable, al principio pasaba por debajo de la muñeca del usuario.

Ratón de campo.

¿CUÁL ES EL ORDENADOR MÁS GRANDE DEL MUNDO?

Los primeros ordenadores eran máquinas descomunales, y la más grande con diferencia se llamaba SAGE, que es el acrónimo de *Semi-Automatic Ground Environment* («entorno terrestre semiautomático»). Se construyó en 1957, y era tan grande que se dividió en partes que luego se distribuyeron entre más de 20 lugares diferentes. Cada parte de SAGE tenía el tamaño aproximado de un campo de fútbol; pero, a pesar de estas gigantescas dimensiones, la máquina poseía menos potencia procesadora que cualquier teléfono móvil actual. Hoy existen ordenadores más pequeños que el punto que escribimos al acabar una frase, y su tamaño sigue disminuyendo cada vez más.

Uno de los primeros ordenadores (1950).

¿POR QUÉ tengo SUEÑOS?

Los sueños pueden ser EMOCIONANTES, aterradores, alegres, tristes o simplemente raros.

En ellos se combinan imágenes, ideas, estados de ánimo y sentimientos. Los científicos **no saben con seguridad** por qué tenemos sueños ni cuál podría ser su función. Pero eso no impide que el estudio de los sueños tenga un nombre: **onirología**.

Cuando dormimos, los sueños suelen producirse en la fase **REM** (por *Rapid Eye Movement*, o **«movimiento rápido de los ojos»**). En ese momento, la actividad cerebral es muy alta y nuestro cerebro se encuentra casi tan alerta como cuando estamos despiertos. Durante la fase REM, no dejamos de mover los ojos aunque estemos durmiendo.

Fotograma de Alicia y el conejo blanco en el film
Las aventuras de Alicia (1972).

A veces también soñamos durante otras fases, aunque por lo general estos sueños los **recordamos peor**. La gente suele **acordarse más** de los sueños cuando los despiertan durante la fase REM. Una **persona corriente** suele tener entre tres y cinco sueños por noche, y resulta habitual que los sueños sean más largos a medida que la noche avanza.

¿CUÁL es el sueño más raro que has tenido?

La bella durmiente. Ilustración de Víktor Mijáilovich Vasnetsov (1900-1926).

¿DURANTE CUÁNTO TIEMPO DORMIMOS?

Una persona corriente suele dormir unas ocho horas cada noche, es decir, un tercio de las veinticuatro horas que dura un día. Por tanto, eso significa que pasamos dormidos más o menos un tercio de nuestras vidas. Un ejemplo: un hombre o una mujer de setenta y cinco años habrá dormido unos veinticinco años de su vida. No está mal... aunque en el cuento original de *La bella durmiente* se dice que la protagonista durmió durante cien años.

¿POR QUÉ SE PRODUCE EL SONAMBULISMO?

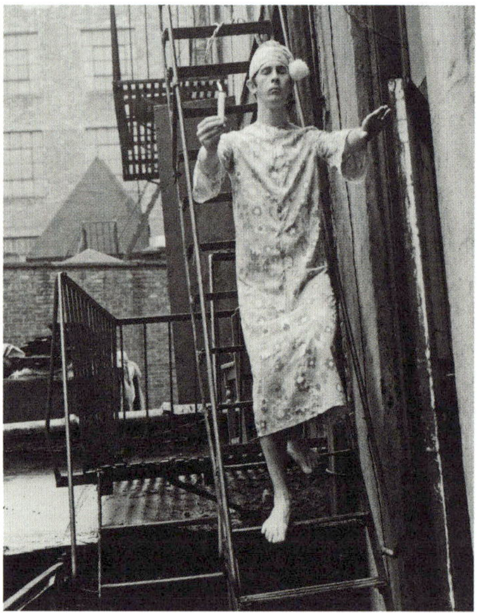

Algunas personas caminan mientras están profundamente dormidas. Es un fenómeno más habitual en niños que en adultos, y ocurre con mayor frecuencia cuando no se ha dormido lo suficiente. El sonambulismo puede manifestarse de diferentes formas: la persona puede sentarse en la cama y mirar a su alrededor, o caminar por la habitación o por la casa, o incluso salir a la calle y conducir muchos kilómetros.

Los médicos no están del todo seguros de las causas del sonambulismo, pero muchos sugieren que puede influir que la persona sonámbula padezca un exceso de cansancio o de estrés, que se esté medicando o que sufra alguna enfermedad febril.

Un sonámbulo bajando por una escalera de incendios.

La gente ha intentado comprender a menudo el significado de los sueños. Hoy en día, muchos científicos creen que los sueños de una persona pueden revelar sus deseos y emociones ocultos. Otros expertos sugieren que ayudan a mejorar la memoria, la resolución de problemas y las funciones cerebrales.

En la época de los antiguos griegos y romanos, la gente pensaba que los sueños eran mensajes que enviaban los dioses o los muertos, o que servían para predecir el futuro. En el Antiguo Testamento de la Biblia, hay un famoso episodio en el que José interpreta el sueño del faraón: le profetiza siete años de abundancia seguidos de siete años de hambruna.

¿QUÉ SIGNIFICAN LOS SUEÑOS?

José interpretando el sueño del faraón. Reginald Arthur (1881-1896).

GLOSARIO

ADN: es el nombre abreviado del ácido desoxirribonucleico. El ADN es el material que contiene toda la información que determina el aspecto y funcionamiento de cada ser vivo.

algas: pequeños organismos similares a las plantas que crecen en el agua.

altitud: magnitud que indica el punto en que te hallas por encima del nivel del mar.

aminoácidos: sustancias que en cada célula del cuerpo se utilizan para fabricar las proteínas necesarias para sobrevivir.

anatomía: área de la biología que estudia la estructura de los organismos y sus partes.

antibióticos: medicinas, como la penicilina, que frena el crecimiento de ciertos microorganismos o los destruye.

anticongelante: líquido que hace bajar el punto de congelación de los fluidos acuosos y eleva su punto de ebullición.

antioxidantes: vitaminas y otros nutrientes que ayudan a proteger las células de los seres vivos.

apertura: abertura con la que se controla cuánta luz entra en la cámara fotográfica.

atmósfera: capa de gases transparentes que rodea a la Tierra o a otros planetas.

***Big Bang*:** teoría defendida por muchos científicos que sostiene que el universo se originó a causa de una gigantesca explosión de materia y energía ocurrida hace 14.000 millones de años.

bioluminiscencia: luz que de forma natural emiten cierto tipo de insectos, peces o bacterias.

botulismo: fuerte envenenamiento alimentario causado por la toxina botulínica, sustancia que las bacterias pueden producir en la comida.

celeste: relativo al cielo o al firmamento visible, o al universo situado más allá de la atmósfera terrestre.

clorofila: sustancia o pigmento verde que contienen las plantas.

corteza: continental Parte sólida de la corteza terrestre que forma los continentes.

depredador: animal que caza a otros animales para alimentarse.

electricidad estática: acumulación de carga eléctrica en la superficie de un objeto.

evento K-T: extinción masiva de animales y plantas que tuvo lugar hace unos 66 millones de años.

evolución: teoría que sostiene que todos los seres vivos que hoy existen se desarrollaron a partir de otros seres vivos más primitivos.

fotosíntesis: proceso por el que una planta fabrica su propia comida.

frecuencia: ritmo al que un suceso ocurre durante un periodo determinado de tiempo o una unidad dada de tiempo.

gravedad: fuerza invisible que hace que todo objeto caiga hacia la Tierra o sea atraído hacia cualquier otro cuerpo físico que tenga masa.

humanoide: robot u otro tipo de inteligencia artificial que posea forma humana u otras características humanas.

islote: isla pequeña.

longitud de onda: medida de las ondas en las diferentes formas de radiación electromagnética que se desplazan ondulatoriamente por el espacio, por ejemplo las ondas de radio, de luz o los infrarrojos (calor).

materia oscura: materia invisible del espacio que nos resulta imposible detectar.

micrografía electrónica: imagen similar a la obtenida mediante un microscopio de luz, pero que consigue una mayor amplificación gracias al uso de un haz de electrones.

órbita: trayecto regularmente repetido de un objeto celeste o una nave espacial alrededor de una estrella o un planeta.

pigmento: colorante natural de los tejidos animales o vegetales.

placas tectónicas: secciones separadas y en movimiento de la corteza terrestre.

polinización: transferencia de polen al estigma (óvulo) de una flor o una planta gracias al cual se produce la fertilización del vegetal.

radiación: energía que se desplaza de un lugar a otro. La luz, el sonido y los rayos X son ejemplos de radiación.

reacción nuclear: proceso en el que dos núcleos o partículas nucleares colisionan, lo cual genera un producto diferente a las partículas originales.

refracción: la curvatura que se produce en la luz cuando pasa de una sustancia a otra.

supersónico: mayor que la velocidad del sonido en un recorrido por un medio determinado (en especial el aire).

toxina: sustancia venenosa que produce un organismo vivo.

vacío: espacio en el que no hay ningún tipo de materia.

ÍNDICE ALFABÉTICO

LISTA DE ILUSTRACIONES

a=arriba, b=abajo

6 John R. Foster/Science Photo Library; **7(a)** Igor Siwanowicz, **7(b)** Will & Deni McIntyre/ Getty Images; **8** Fotografía de Wodicka/ ullstein bild extraída de Getty Images; **10** Michael Nichols/National Geographic Creative; **11(a)** The Metropolitan Museum of Art/The Walter H. and Leonore Annenberg Collection, donación de Walter H. y Leonore Annenberg, 1994, Legado de Walter H. Annenberg, 2002; **11(b)** Henri D. Grissino-Mayer, The University of Tennessee, Knoxville; **13** Harry Todd/Fox Photos/Getty Images; **14(a)** Children's Museum Indianapolis; **14 (b)** Moviestore Collection/REX/ Shutterstock; 15 Mark Garlick/Science Photo Library; **16** Photos 12 Cinema/Geffen Company/ Diomedia; **18** Maximilian Weinzierl/Alamy Stock Photo; **19(a)** Bettmann/Getty Images; **19(b)** Adstock RF/Diomedia; **20-21** Fox Photos/Getty Images; **22** Eye of Science/Science Photo Library; **23(a)** Heidi & Hans-Juergen Koch/Minden Pictures/Getty Images; **23(b)** Fotografía de Chris Hellier/Corbis extraída de Getty Images; **24-25** Wikimedia Commons; **26** akg-images; **27(a)** Fotografía de Leemage/Corbis extraída de Getty Images; **27(b)** Fotografía de Willy Rizzo/Paris Match extraída de Getty Images; **29** Chronicle/Alamy Stock Photo; 30 Universal Images Group/Diomedia; **31(a)** Bettmann/Getty Images; 31(b) Mehau Kulyk/Science Photo Library; 32 Fotografía de Fox Photos/Getty Images; **34(a)** Wellcome Library, Londres; **34(b)** Bettmann/Getty Images; **35** Shutterstock; **36** Wikicommons/Jan Arkesteijn/CC-ShareAlike; **38** Photos 12 Cinema/Photo12/WolfTracerArchive/ Diomedia; **39(a)** Eric Vandeville/akg-images; **39(b)** Science Museum/Science & Society Picture Library - Todos los derechos reservados; **40** Photo (C) RMN-Grand Palais (MuCEM)/Gérard Blot; **42** Steve Gschmeissner/Science Photo Library/Getty Images; **43(a)** TopFoto.co.uk/ EUFD; **43(b)** Heritage Image Partnership Ltd/ Alamy Stock Photo; **44** Fotografía de Fine Art Images/Heritage Images/Getty Images; **46(a)** World History Archive/Alamy Stock Photo; **46(b)** Mary Evans/Playhour; **47** NASA/ JPL-Caltech/MSSS; **48** EUMETSAT/DLR; 50 NASA, ESA, M. Robberto and the Hubble Space Telescope Orion Treasury Project Team; **51(a)** WIN-Initiative/Getty Images; **51(b)** Fine Art Images/Diomedia; **53** NASA/JPL-Caltech; **54** Mark Garlick/Science Photo Library/Getty Images, **55(a)** Universal History Archive/UIG por mediación de Getty Images; **55(b)** Maximilien Brice/CERN; **56** Old Visuals/Superstock; **58(a)** Buyenlarge/Getty Images; **59(a)** Universal Images Group/Diomedia; **59(b)** Fotografía de la Armada del suboficial de tercera clase Matthew Granito; 61 Mary Evans Picture Library; **62** Warfield/United Artists/Kobal/REX/ Shutterstock; **63(a)** Antrey/Getty Images; **63(b)** Heritage Images/The Print Collector/Diomedia; **65** Antar Dayal/Getty Images; **66(a)** ESO/B. Tafreshi (twanight.org); **66(b)** Kristen Elsby/ Getty Images; **67** Tripulación del transbordador STS-64, NASA; **68** Doug Perrine/Nature Picture Library/Getty Images; **70** Larry Madin/WHOI; **71(a)** Dorling Kindersley/Getty Images; **71(b)** TopFoto.co.uk; **72** akg-images; **74** Hawaiian Legacy Archive/Getty Images; **75(a)** Don King/ Getty Images; **75(b)** Everett Collection Inc/ Alamy Stock Photo; **76-77** Fotografía de Ernest Bachrach/John Kobal Foundation/Getty Images; **78** National Pictures/TopFoto; **79(a)** NASA/ SDO/GSFC; **79(b)** SuperStock RM/Diomedia; **80-81** ZAarchitects: Arina Agieieva, Dmitry Zhuikov; **82** Fotografía de Forrest J. Ackerman Collection/CORBIS/Corbis extraída de Getty Images; **83(a)** Getty Images; **83(b)** Mary Evans/ Ronald Grant/Diomedia; **84** Northlightimages/ Getty Images; **86** Kyodo News por mediación de Getty Images; **87(a)** Rudmer Zwerver/ Shutterstock; **87(b)** Bettmann/Getty Images; **89** Moviestore Collection/REX/Shutterstock; **90(a)** Fine Art Images/Diomedia; **90(b)** Mary Evans/Classic Stock/H. Armstrong Roberts; **91** Christie's Images/Scala Archives, Florencia.

IMAGINA Librooks

Publicado con el acuerdo de Thames & Hudson Ltd, Londres
Why Can't I Feel the Earth Spinning? © 2018 Thames & Hudson Ltd, Londres

Primera edición en castellano publicada en 2018 por Librooks Barcelona, S.L.

© De esta edición:
LIBROOKS BARCELONA, S.L.
Riego 13, 08014 Barcelona
Tel. +34 930 110 110
info@librooks.es
www.librooks.es

© De la traducción: Miguel Alpuente Civera

Textos de James Doyle
Ilustraciones originales de Claire Goble

ISBN: 978-84-948376-3-0
Depósito legal: DL B 8239-2018

Reservados todos los derechos. Quedan rigurosamente prohibidas, sin la autorización escrita de los titulares del copyright, bajo las sanciones establecidas en las leyes, la reproducción total o parcial de esta obra por cualquier medio o procedimiento, comprendidos la reprografía y el tratamiento informático, y la distribución de ejemplares de ella mediante alquiler o préstamo públicos. Si necesita fotocopiar o reproducir algún fragmento de esta obra, diríjase al editor.